U0136628

碳交易的28堂課

堂課

中央通訊社

著

一部台灣人的淨零速記

2050淨零排放目標，經過數十年的倡議與疾呼，已逐漸成為全人類共同努力的願景。氣候科學家已示警，相較於工業革命前的氣溫，全球升溫幅度必須控制在 1.5°C 以內，才能避免許多難以回復、災難性的氣候衝擊。然而，看似簡明的目標，實際行動困難重重，工業革命至今，排碳幾乎是能源供給的必要之惡，完全不排碳，做得到嗎？經濟榮景與能源轉型能夠並存嗎？企業界與一般民眾對淨零的急迫性或必須付出的成本有共識嗎？哪些科技選項可以幫助我們更接近減碳目標？這些都是人類邁向永續發展的大哉問。

淨零減碳必須對症下藥，我國溫室氣體的總排放量，約5成來自「發電」，且在轉型的過程中電力的需求不會減少，反而可能增加，未來在各部門電氣化的趨勢下，潔淨「零碳電力」的開發應是淨零策略的重中之重。

現有太陽光電及風力發電在國內雖已展開大規模布建，但其量能及間歇性，尚無法滿足我國所有電力需求。因此，我們積極推動前瞻科技研發，期望運用科技尋找創新機會，開創我國的淨零新局。有鑑於此，中央研究院於2022年發布《臺灣淨零科技研發政策建議書》，提出去碳燃氫、地熱、海洋能、高效太陽光電、及生質碳匯的「淨零5支箭」，作為我國新興淨零科技研發選項。

淨零轉型不僅是國家戰略，也是確保企業競爭力的必經之路。歐盟碳邊境調整機制（Carbon Border Adjustment Mechanism, CBAM）將於2026年正式上路，國際間開始以碳排放量作為各項經濟活動的衡量依據，產業龍頭亦逐步對供應廠商施加減碳壓力。我國為全球供應鏈重要一環，除了推動新興淨零科技發展，亦需建立完善的法制環境、治理機制、政策配套，透過政府經濟工具（如：財政稅務、金融政策等）以資金、市場、就業等工具促進

產業及社會轉型。2023年8月臺灣碳權交易所成立，10月環境部發布《溫室氣體自願減量專案管理辦法》、《溫室氣體排放量增量抵換管理辦法》，宣告台灣進入「排碳有價」時代。

中央社發揮社會關懷責任，從新聞媒體的角色出發，透過28篇採訪報導，娓娓道來國內各行各業的大小企業、政府機構在全球淨零排放浪潮下，如何摸索前進、各出其謀、布局未來，甚至進一步為自身打造新的產業優勢，提供實際經驗給更多準備加入淨零賽道的企業參考。本書亦解析國內、外的碳交易機制，乃至政策擬定的過程與困難。最後，再回顧台灣自願性碳權布局的歷程。

本書著眼未來，記述台灣淨零轉型路上與時俱進的故事，是一部台灣人的淨零速記。然2050淨零願景仍有賴全國各界攜手達成，歷史仍待續寫。

中央研究院院長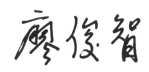

為實現氣候目標努力奮鬥

　　氣候變遷及極端氣候造成的衝擊是全球不可忽視的議題，其深遠影響不僅僅是環境問題，更是全球經濟、社會發展以及人類生存的重大挑戰。為此，我國已公布「2050淨零排放路徑及策略」，在「能源、產業、生活、社會」等四大轉型及「科技研發」、「氣候法制」兩大治理基礎上，輔以「十二項關鍵戰略」整合跨部會資源，制定行動計畫並推展淨零工作。

　　在氣候法制上，我國《氣候變遷因應法》於2023年2月15日正式上路，在《氣候法》架構下，我國將優先推動碳費及「自願性碳交易」做為政策核心的碳定價工具。針對未被碳費制度納管的排放源，透過自願減量機制，執行減量專案以取得減量額度做為獎勵，可交易給碳費納管對象作為碳費責任的抵扣。藉由誘因機制提供資源協助其他排放源進行自願減量，進一步發揮以大帶小的效果，全面提升我國的減量成效。

　　本書所探討的「碳交易」議題分為三個部分。首先，「備戰零碳新賽局」彙整國內企業的減碳案例，為其他企業提供了可行的參考和啟發，激勵他們積極參與減碳行動。其次，「解碼碳交易機制」深入探討了國內外碳交易機制的基本原理和運作機制，對於政府制定和實施碳交易政策至關重要。最後，「布局自願性減碳」則提供了自願性碳交易的現況與發展方向相關資訊。本書透過28堂課程的方式，可以幫助讀者瞭解碳交易的基本原理和運作實務，讓讀者更好地應對碳交易實踐中所面臨的挑戰。

在全球氣候變遷日益嚴峻的背景下，我們每一個人以及所有產業更應積極實踐淨零轉型，各事業應優先建立溫室氣體排放量盤查能力，掌握自身排放量及重點排放源，並積極規劃採行減量措施，優先做到自我瘦身，在進行碳交易之前，則需要先停看聽，瞭解自身需求，謀定而後動。誠摯期待這本書能夠為讀者提供寶貴的資訊和啟示，促使更多人積極參與減碳行動，為實現氣候目標和建設美好未來而努力奮鬥。

環境部部長

氣候變遷不可逆　刻不容緩起而行

1988年，聯合國政府間氣候變遷專家小組（IPCC）成立，這個由全球110多國、超過2,000位科學家所集合而成的組織，每隔5到7年，就會公布一份氣候變遷報告，而在2014年的第五次評估報告（AR5）之後，卻緊接著於2018年和2019年連續公布了兩份分別為《地球暖化1.5℃》與《氣候變遷和土地》特別報告，科學家警告人們，全球已經有超過1/4的土地陷入退化危機，人類必須改變使用土地的方式，以應對氣候危機。

2023年3月20日，IPCC發布了第六次評估報告《氣候變化2023》（AR6 Synthesis Report: Climate Change 2023）。整合了自2018年以來的3份工作組報告以及3份特別報告的調查結果，並由當前世界最頂級的氣候科學家共同撰寫，對當前氣候變遷的緊急狀況與應對方法做出具有公信力的評估。

報告指出，在過去的一個多世紀，化石燃料的使用以及各種過度的能源與天然資源消耗，導致全球氣溫持續上升，這直接導致了極端氣候事件愈加頻繁且強烈。此外，如果水資源和糧食問題伴隨著全球性的流行病或戰爭衝突等不利因素同時發生，將使自然環境和人們陷入更嚴重的災難，甚至是全人類的生存危機。

2018年，IPCC強調必須將全球暖化升溫控制在1.5℃之內，當時已經被認為是前所未有的的挑戰，6年後的今天，挑戰已經更加嚴峻。迄今為止各國政府或企業界所開展之減碳工作的速度和規模，似乎都不足以應對氣候變化。

現今，淨零排放已成全球共識，綠色轉型迫在眉睫。為此，中央通訊社規劃出版《碳交易的28堂課》一書，本持國家通訊社使命與媒體本色，深入淺出報導國內外企業的減碳作為及碳交易現況，透過實際案例，不僅讓企業界有所借鏡，對一般讀者而言也頗具可讀性，更能讓讀者理解淨零轉型的重要與迫切。

台達創立於1971年，經歷全球能源危機後，80年代起從電視機零組件跨入電源與能源解決方案的領域，由於我們充分體會科技進步及產業發展所造成天然資源耗損、環境汙染及生態

的衝擊十分嚴重，所以從很早就開始關注環境與能源議題，以電力電子核心技術為基礎，不斷地投入創新思維，為新世代研發設計更好的節能產品及解決方案。

在同仁長期實踐環保和技術創新之下，台達的電源產品效率每年不斷地提升，目前都達到90%以上。經過計算，2010 年至2022年台達出貨的高效節能產品與解決方案，累計協助全球客戶節省約399億度電，相當於幫助地球減碳近 2,105 萬公噸。

呼應「環保 節能 愛地球」的經營使命，台達在2017年就制定科學減碳目標（SBT），並於2021年加入全球再生能源倡議組織RE100，承諾全球所有網點，將於2030年達成100%使用可再生電力及碳中和，2050年達到溫室氣體淨零排放。在本書內文台達案例中提及之內部碳定價等減碳機制的推動下，2023年台達全球營運據點用電已有76%來自再生電力，用科技創新的力量，致力於追求業績成長的同時實現永續發展。

另一方面，有鑑於建築占全球整體能源消耗的30%至40%，建築領域的節能減排，正是碳中和及邁向淨零的重要一環，台達也運用核心技術，發展智慧節能的樓宇解決方案，打造對環境友善，並兼顧使用者需求及健康的生活環境。台達從2005年興建並於2006年落成啟用第一座綠建築廠辦起，至今已在全球打造33棟包括自建廠辦及學術捐贈的綠建築，以及2座通過認證的高效率綠色資料中心。

面對全球產業的激烈競爭和氣候變遷的威脅，期勉各界都能從永續的概念出發，以務實的態度及努力不懈的精神，不斷追求自我超越，運用創新科技幫助地球節能減碳，同時也進一步帶動企業持續而穩健的成長。

台達集團創辦人 鄭崇華

氣候之戰的小小獻禮

「極端氣候」、「溫室效應」、「淨零減碳」等議題被討論了超過30年，縱使有聯合國出面，簽署了所謂國際公約，但沒有多少國家、沒有多少人認真對待；空談比較多、實際行動比較少。因此排碳量愈排愈多、地球溫度不減反增。

直到最近幾年，人們親身經歷或目睹極端氣候所帶給人類生物前所未有的災難，彷彿看到地球即將毀滅、世界末日即將來臨的可怕景象。這才真正覺悟到，再不全面採取行動，人類被大自然反撲吞噬的惡夢將會成真。

到了2023年底，包括台灣在內，全世界已經有130多個國家公開宣示「淨零減碳」的政策目標及實踐路徑，更進一步制訂相關法律及編列巨額預算來落實行動。

可以說，對抗氣候變遷、淨零減碳、控制全球平均氣溫上升不超過1.5℃，已是全世界的共識，是人類有史以來少數獲得不分族群、不分敵我，齊心合作、共同奮戰的目標。

這場攸關地球生存的對抗溫室氣體之戰，將持續沒有盡頭。沒有一個國家、沒有任何一個人是局外人。尤其歐盟2023年底率全球之先，開始試行的「碳邊境調整機制」（CBAM），工業產品的製造生產、交通運輸、能源轉型等都會被捲入；未來跟進的國家會愈來愈多，所有的工廠企業都感受到具體的壓力，必須做出符合規定的調整，才能存活。

下一波，則會走進每一個人的生活。因應減碳規範的環境，每個人的生活態度必須要大幅調適；由於牽涉生活習慣與價值觀的改變，這將是最艱難的部分，但這也將是打贏這場氣候戰爭的最後關鍵因素。

面對「淨零減碳」嶄新時代的來臨，生出很多新創的觀念、知識與機制，包括政府、機構、企業及個人，其實都還在摸索學習。但因為碳費、碳稅、碳邊境調整機制、碳交易等減碳手段已「兵臨城下」，造成企業界，尤其是中小企業，一陣慌亂。政府相關單位、學術界盡其可能去說明、輔導、協助，但仍無法滿足這波因恐慌而激發的學習浪潮。這個時候，媒體能扮演什麼角色？

身為國家媒體的中央通訊社，有兩項核心的公共使命：一、盡可能的報導事實的真相，二、盡可能報導有用的資訊。

基於這樣的使命，我們決定出版一本有系統且淺顯易懂的書，就是這本《碳交易的28堂課》。

坦白說，剛開始構思這本書的時候，所有參與編採的同仁，也跟大家一樣，對這個議題相當陌生；但同仁非常勇於探索學習，不但勤於拜訪學術界及政府相關部門請教，也參加一些專業課程，取得證照。

這本書有兩個特色：

一、用說故事的方式，來闡述最新且複雜難懂的觀念跟做法。全書採訪了不同類型、不同規模的企業或機構，將他們「淨零減碳」成功的案例，很深入淺出的用說故事的方式來分享，非常精彩且具示範性。

二、與國際同步接軌。「淨零減碳」最重要的是跨國交流。中央通訊社擁有最多且最專業的駐外特派員，他們採訪了駐在國關於「淨零減碳」政策上的最新做法，包括碳交易市場、相關法令規定等，對國內企業界甚至政府來講，都是非常重要且有用的第一手資訊。

這本書在最被需要的時刻得以順利出版，除了感謝編採同仁用心投入外，也要感謝學者專家在專業上提供的協助；更重要的是，要感謝願意受訪的所有單位，毫不藏私的經驗分享；其精彩的故事，構築出政府與民間共同努力拚「淨零減碳」的圖像，這就是台灣的競爭力。

2024年正值中央通訊社100週年社慶，這本書是一個小小的獻禮，希望在未來的氣候戰爭中，能夠有所貢獻。

中央通訊社董事長　李永得

目次

輯一　備戰零碳新賽局

目次

輯二　解碼碳交易機制

輯三　布局自願性碳權

碳交易的28堂課

輯一
備戰零碳新賽局

自從「本世紀中達成淨零排放」成為世界的共識願景後，相關理論概念與行動倡議如同雨後春筍、與日俱增。由於淨零轉型相關議題涉及的面向十分廣泛，單單是資訊的篩選以及整合即是一個令人頭痛的工作，更別說進一步將零散的片斷知識整合為實務上可操作的行動藍圖。然而，常言他山之石、可以為錯；在淨零議題上，更是如此。在本輯中，特別收錄了18個低碳轉型的精選個案；透過典範案例的引導，讓讀者更容易了解淨零四步驟—碳盤查、碳減量、碳中和、以及碳淨零等概念內涵如何落實於企業管理實務之中，並有機會從中找到適合自身的學習路徑、以加速轉型的腳步。

導讀／劉哲良（中華經濟研究院能源與環境研究中心主任）

01 代工廠主動出擊
仁寶組團輔導供應鏈淨零轉型

文 吳家豪

中央社政經新聞中心記者,主跑海內外科技公司及代工大廠10餘年

在全球氣候變遷和永續發展的壓力下,電子代工廠仁寶電腦公司於2023年9月舉辦「ONE+N電子供應鏈淨零加速宣示大會」,聚集34家重要供應商,設定減少1萬公噸碳排的目標,結合外部節能減碳專家,成立仁寶產業低碳輔導團,協助廠商達成減碳目標,期待未來將減碳典範轉移至電子業供應鏈。

面對同時來自品牌客戶與供應商的雙重壓力,仁寶走在淨零碳排的道路上如同「夾心餅乾」,不但要以身作則,更要推己及人,只是這條路一開始走得篳路藍縷,什麼都要靠自己從頭做起。

「累跟成就感是一起的,以前自己摸索搞不出名堂,那才叫累。」仁寶副永續長王正強表示,從剛開始對永續和減碳什麼都不懂,到後來真正落實到產品,需要經過一些路程,「只要開始做,就會愈來愈好。」

由內而外減碳　導入新工具讓盤查更有效率

王正強指出,仁寶很早就走向永續與減碳,2009年開始進行組織型溫室氣體盤查,並於2010年完成查證作業,同年成立綠色推行委員會(Green Committee),由公司副總級以上高層主管共同領軍,訂定策略目標,監督成效。

為貼近減碳基準,仁寶重新設定2019為基準年,分階段訂定短中期減量目標,每年較前一年度降低碳排量4.2%,以2030年完成50%減碳量為中期

🍃 **溫室氣體盤查**
即碳盤查,指的是企業蒐集、計算其營運過程中直接、間接排出的總溫室氣體排放量的方法。

仁寶昆山廠太陽能屋頂廠區空拍。（仁寶提供）

目標，逐步達成2050年全球營運據點100%使用再生能源電力。

2022年3月，仁寶設立董事會層級、功能性的永續發展委員會，2023年進一步成立永續發展辦公室，負責規劃與推展企業社會責任相關活動，積極訂定減碳計畫，終於在2022年4月，仁寶正式向科學基礎減量目標倡議（SBTi）[1]提交科學基礎減碳目標（SBT）與2050年淨零排放承諾書。

王正強說，起初仁寶在內部進行碳盤查，主要透過人工方式，相關方法和統計正確性較未落實，後來導入碳盤查平台和系統化，更容易管理到排

1 　科學基礎減量目標倡議（Science Based Targets initiative, SBTi）：由聯合國全球盟約（UNGC）及非營利組織 CDP 組成的減碳目標驗證組織，目的是鼓勵全球企業設定具科學基礎的減碳目標，共同實現 2050 年升溫不超過 1.5°C 的願景。

放量最大的冷氣、空調壓縮機等設備，讓碳盤查及減量工作更有效率。

仁寶永續發展辦公室課長楊懿資說，以前每個月收到電費、水費等單據後用人工彙整，統計所有費用，現在透過能源監測平台連接數位電表，15分鐘就能計算出來。

如果到月底才知道用多少電，管理上會更困難，現在仁寶每座廠區都導入智慧電表，每天可以即時得知各廠區用電量，部分產線掛上更小型電表，可以隨時了解哪些地方能耗異常。

楊懿資也提到，仁寶正在建置「永續雲」，預計2024年第四季完成，除了總部和工廠之外，所有子公司都要加入碳盤查；仁寶有100多家合併報表子公司分布在全球，日後透過多語系平台可即時登錄資料，往後旗下公司所有碳盤查數據，都可以在系統上查看，也將考慮逐步開放給規模較小的供應商。

近2年仁寶開始向供應鏈推動淨零轉型，尋求共識，然而廠商反應不

仁寶在公司內部辦理創新ESG講座。（仁寶提供）

一，意願趨於兩極化；有些廠商積極配合、願意付出，有些則考慮到大環境不佳及成本問題，不得不向現實低頭。

為了消弭歧見，仁寶與外部專家合作成立顧問團，透過教育訓練和個案分享，讓供應商愈來愈了解減碳效益，而非視為被迫付出的疊加成本。有些供應商不清楚減碳會花費多少人力物力，這時仁寶輔導團就會介入，說明減碳後續好處，同時也會提醒供應商，如果不能配合仁寶客戶的要求，未來可能無法與仁寶進行交易。

「這是危機，也是轉機」，王正強表示，2024年仁寶將推動供應鏈碳揭露，透過全球非營利組織CDP[2]的問卷框架，鼓勵仁寶約400家供應商辨識環境風險與機會，考慮將氣候變遷議題融入商業決策，制訂節能減碳目標。

永續設計二大方向　增加回收材料、降低耗能

為追求淨零碳排，研發能力扮演重要角色，代工廠必須設計更符合環保要求、更低耗能的產品。

王正強指出，仁寶有幾家客戶「跑得比我們還快」，共同設計低耗能、減碳、可回收、可模組化的產品，畢竟「多一顆材料就多一個碳」，如何減少材料耗用，是研發努力的重要方向。

例如仁寶與客戶合作，推出綠色筆電產品，使用高比例的回收塑料，像是鍵盤、電源供應器等採用大量的可再生塑膠，包裝材料更是100%可回收，並將筆電製造過程的碳排量減少30%。

因應眾多客戶都把增加回收材料使用作為淨零的手段之一，仁寶也與供應商合作研發低碳材料，「主動出擊」提供客戶更多樣化的低碳材料選擇，強化與客戶的關係。

2　CDP：為國際非營利組織，旨在推動全球碳揭露，透過邀請企業填寫問卷，促進企業揭露溫室氣體資訊，以利建立良善的治理架構。

針對低耗能產品，仁寶亦與美系客戶共同開發低耗能筆電，採用高效能處理器和電池，提升產品能效，減少使用時的耗電量，同時也減少散熱需求，降低散熱系統的重量和成本，產品更加輕薄和環保。以美國環境保護署「能源之星（Energy Star）[3]」標章制度來看，該產品能耗值優於能源之星所訂標準近60%，呼應客戶削減產品使用碳排的目標。

此外，仁寶更為客戶推出一款採用模組化設計的筆電，使用者可以自由拆解組合，更換硬體或升級規格，延長產品的使用壽命，減少廢棄物產生，也減少了新產品製造所需的能源和原物料。這款筆電在知名拆解指南公司iFixit的評比拿到滿分10分，意味著對DIY組裝電腦這件事「十分友善」。

為了「跑在客戶前面」，仁寶內部設有EID體驗設計中心，導入顧客體驗分析與使用者測試項目，藉此更貼近市場需求，團隊規模達到200至300人，已連續7年獲得德國iF設計大獎前3名，象徵即使身為代工廠，也具備與品牌廠並駕齊驅的設計實力。

王正強透露，仁寶一般接單是生產隔年產品，但EID體驗設計中心看的是未來2到3年的趨勢，包括外觀變化、減碳要求等，讓仁寶與客戶合作更緊密。

擴廠同時減碳　因應綠色通膨靠業界動起來

仁寶主要生產基地包括中國、越南及台灣，合計營收比重超過9成；以碳排放占比來看，中國廠區占65%，越南占26%，台灣占9%。現在仁寶新建廠區一定導入綠建築和儲能設備，也更重視綠電採購，目前所有工廠使用綠電的比例約45%。

仁寶中國昆山廠在太陽能發電系統起步最早，算是台廠先驅；在中國西

3　能源之星（Energy Star）：美國環境保護署（EPA）啟動的節能計畫，目的是降低能源消耗及減少發電廠排放的溫室氣體，自發性配合此計畫的廠商可在其合格產品上貼上能源之星標籤。

部廠區則使用水力發電。同時仁寶也在中國等地購買綠電憑證,對客戶和供應商有一定的示範效果。

仁寶認證技術處環保事務部設計經理鍾豐懋指出,面對客戶各式各樣的減碳需求,不同客戶要求的資料格式都不一樣,如何能滿足差異性、快速符合需求,把原始資料最有效率轉換成每個客戶需要的樣子,是代工廠不得不面對的課題。

儘管仁寶淨零轉型已步上軌道,但王正強也觀察到,「綠色通膨[4]」正在發生,接下來要傷腦筋的是歐盟從2026年起將落實碳邊境調整機制(Carbon Border Adjustment Mechanism, CBAM),受管制的高碳排產品進口至歐盟時,須完成CBAM憑證採購。

「廠商這時候不開始努力改善相關作業,後面要面對的成本更高,絕對會造成通膨。」他直言,「大家要動起來」,才有辦法符合相關規定。

對仁寶而言,淨零和低碳轉型不僅是國家戰略,也是提升企業競爭力的必經之路。王正強說,「起跑點上跑得愈快,你就會贏,剛開始會有些成本也很苦,但只要做到節能減碳,訂單一定會增加,後面可以享受成果。」●

4　此處的「綠色通膨」,指的是企業減碳成本反映在產品價格上,與「通貨膨脹」的嚴謹定義有所不同。在經濟學上,通貨膨脹意指「一般物價水準在某一時期內,連續性地以相當的幅度上漲」。因此,一個經濟體必須符合物價具「普遍」、「持續」與「顯著上漲」之特點,才能稱為有通貨膨脹現象。「綠色通膨」則指全球推動綠色經濟、節能減碳政策時,可能推升原物料等價格,造成企業將外部成本內部化,甚至轉嫁給上下游供應鏈與消費者,因而推升物價,引發通膨。

超前部署碳盤查
如保興業力圖成為綠色扣件標竿

文 **楊迪雅**
　中央社資訊中心
　編輯

　　走進位於台南歸仁的如保興業公司，廠房設備轟轟作響，一顆顆經過成型、攻牙[1]、光學檢測等多道工序的螺帽像珍珠一樣掉到造型特殊、如船般的金屬桶。這些在微光中閃耀油光的小小扣件[2]是台灣的光榮也是驕傲。

　　有別於傳統螺帽工廠又油又髒的印象，如保興業廠房環境整潔敞亮，生產設備外裝sensor（感應器），透過機聯網連接觸控面板，可讓操作者即時監控設備的生產狀況與能耗，以及偵測環境中PM2.5濃度；廠內雖仍有稍許油氣，但經過靜電油氣回收系統過濾後，可大幅降低油氣中的PM2.5再排出，過濾後的油可再循環使用，既減少對外汙染，也提供員工較友善的工作環境。

　　台灣扣件產業是世界第三大出口國，在美國，每10件螺絲螺帽就有4件來自台灣，高雄、台南有上千家螺絲螺帽隱形冠軍。如保興業於1999年成立，專營客製化車用螺帽，外銷占營收9成，其中約5成銷往歐洲，其產品品質經久耐用，福特（Ford）、豐田（TOYOTA）、現代（HYUNDAI）等汽車大廠都是客戶，更甫獲2024年台灣精品獎肯定。

1　攻牙：指使用工具在螺絲內孔切削出螺紋，以連接對應的螺栓或螺絲。
2　扣件：即螺絲螺帽，以線材（盤元）為材料製成，被稱為「工業之米」。

如保興業總經理王文信（左）、副總經理呂純儀（右）帶領企業開始減碳行動。（徐肇昌攝影）

ESG為初衷　淨零轉型從數位化開始

2022年初，如保超前同業，率先啟動溫室氣體盤查，2023年4月取得ISO14064-1:2018溫室氣體查證標準認證，成為中小企業的先驅，吸引不少企業前來取經，當中更不乏產業龍頭。

上下同心是如保領先業界的關鍵之一，在獲得父親王百年支持下，二代接班的總經理王文信帶領如保逐步推動減碳及數位轉型，引入ERP系統（企業資源規劃，Enterprise Resource Planning, ERP），整合財會、庫存、製程、訂單、模具管理等項目。

在如保的減碳路上，這套ERP系統居功厥偉。「要朝向淨零，一定要數位化。」王文信說明，執行溫室氣體盤查的過程中，許多資料都由ERP系統匯出，省去人工作業流程。

看不見的溫室氣體該如何盤查？如保副總經理、同時也是王文信妻子的呂純儀攤開厚厚一疊盤查報告書，清楚載明如保進行溫室氣體排查時的邊

界設定、排放源鑑別、活動數據管理等等，一筆筆資料背後，都是如保一年多來的辛苦軌跡。

如保成立跨部門的4人專責小組，並聘請外部顧問，協助釐清溫室氣體盤查的規範；更架設ISO14064-1的資料管理平台，與ERP系統整合。「任何的交易一定都會有碳」，王文信指出，因此，如保的每一筆採購發票、加工單等單據都必須蒐集起來，掃描並上傳至系統。

王文信率領同仁落實盤查，參照環境部事業溫室氣體排放量資訊平台上公告的排放係數，為每一筆排放源進行排放量計算。由於盤查至範疇三「其他間接排放」，包含員工通勤、運輸、產品生命週期中所造成的碳排放，都必須納入計算。例如如保向中鋼採購原料線材後，盤元線會先送至加工廠，加工後再運至如保，其中載運的趟次、距離、使用車輛以及車子本身的碳排，都在盤查範圍內；除了交易憑證以外，舉凡廠房發電機的保養紀錄、設備潤滑油的添加紀錄，製程之中使用的焊條在熔接點所釋放出的化學物質，也都必須逐一記錄，以供查驗時調閱佐證。

不過，盤查過程繁瑣，跨部門索取資料時也會面臨來自其他員工的壓力，這時王文信、呂純儀就會跳出來支持執行的同仁，「重點是要先在公司內部凝聚共識，讓大家都認同ESG願景」。

如保2022年的盤查量約是1萬1,000噸二氧化碳當量（CO_2e），預計2026年業績將成長至目前3倍，王文信設定減碳目標，2032年要減60%，2050達到淨零。

他比喻，溫室氣體盤查就像健康檢查，只是第一步，如何推動減碳措施才是重點。盤查後得知原料端產生碳排量最高，如保開始嘗試使用低碳排原料生產，雖然成本不會上升，但低碳原料是以廢鐵提煉，品質較不穩定，還有待克服技術門檻的限制，此外，車廠品質規範嚴格，能否讓客戶接受也是挑戰。

王文信強調，要推動減碳，一定要弄清楚：為何而做？早在法規上路、

客戶要求之前，如保就已啟動減碳計畫，「因為我們追求的是地球永續。」如保將ESG（環境保護、社會責任、公司治理）設定為公司經營願景，「如果沒有減碳，就離實踐ESG很遙遠。」

CBAM大浪襲來　扣件業者或轉型或淘汰

據經濟部國際貿易局（現貿易署）2022年統計，CBAM管制項目有248項，包含水泥、電力、肥料、鋼鐵、鋁等。台灣有212項出口歐盟，以鋼鐵製品為主。

2023年10月，歐盟碳邊境調整機制（CBAM）開始試行，首先針對高碳排放產品進行列管，包含鋼鐵、鋼鐵製品（含扣件）等。2022年台灣扣件出口總額約新台幣2,026億元，其中外銷至歐盟更占總額25%（約新台幣504億元），CBAM上路，台灣扣件業者首當其衝，須提供產品製程中產生的碳排放量，供歐洲當地進口商申報。但這些隱形冠軍以中小型企業為主，對碳盤查既沒有經驗，也沒有能力，大家急如熱鍋上的螞蟻，惟恐不配合訂單就會流失。

不過，對於已完成溫室氣體盤查的如保來說，正代表如保領先其他企業走的幾步路，終於能發揮功效。且呂純儀認為，目前CBAM法規雖未完全明朗，但未來一定會請第三方認證來稽核公司提供的碳排數據，企業須有心理準備，資料一定要做得確實，落差太大也會招致質疑。

如保的模具規格繁多，透過ERP系統可清楚管理。（徐肇昌攝影）

透過機聯網，可隨時檢視能耗、環境中PM2.5濃度等。（徐肇昌攝影）

如保使用的盤元線材多採購自中鋼，製程中每一道環節都需要碳盤查。（徐肇昌攝影）

　　王文信直言，CBAM對台灣來說既是危機也是挑戰。在面臨全球供應鏈轉向「短鏈」發展，在地化生產可減少運輸過程中產生的碳排放。若歐盟在當地採購，成本低於台灣採購的話，勢必會影響到台灣企業的出口，「但如果你的生產比歐盟更低碳，這就會成為你的優勢。」

　　他預估，兩年內將會有一波企業難以符合CBAM要求而被淘汰，屆時產業可能面臨洗牌。

落實減碳　為未來下一代而做

　　如保以成為「綠色扣件標竿產業」為目標，擘劃清晰減碳路徑，計劃逐步建構智慧電網、使用綠電、選擇低碳原物料、推動綠色採購等。轉型之路上，王文信也善用政府補助計畫，引入4套智慧電表，準確監控設備耗電；

溫室氣體盤查範疇

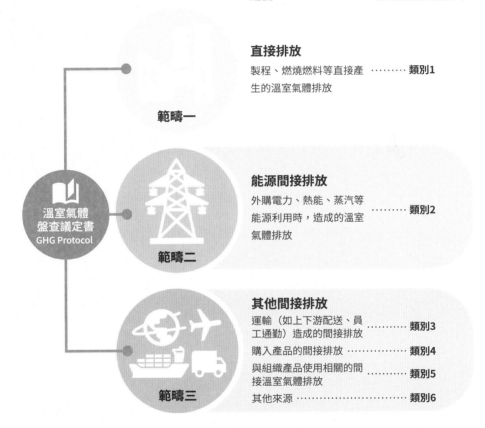

排放源　　　　　　　　　ISO 14064-1:2018
定義　　　　　　　　　　溫室氣體盤查標準

直接排放
製程、燃燒燃料等直接產　⋯⋯⋯ **類別1**
生的溫室氣體排放

範疇一

溫室氣體
盤查議定書
GHG Protocol

能源間接排放
外購電力、熱能、蒸汽等
能源利用時，造成的溫室　⋯⋯⋯ **類別2**
氣體排放

範疇二

其他間接排放
運輸（如上下游配送、員　⋯⋯⋯ **類別3**
工通勤）造成的間接排放
購入產品的間接排放　⋯⋯⋯⋯ **類別4**
與組織產品使用相關的間　⋯⋯⋯ **類別5**
接溫室氣體排放
其他來源　⋯⋯⋯⋯⋯⋯⋯⋯ **類別6**

範疇三

資料來源：經濟部中小企業綠色環保資訊網、英國標準協會（BSI）

回收利用油料，減少使用新品；以及開發線上報價業務系統，旨在精實人力，「用人愈少，碳排就降低」。

　　「我們是目睹氣候變遷的一代，也是唯一有機會拯救地球的一代。我們現在做的，不是為了現在，而是未來下一代。」王文信如此說道。減碳的出發點，是一顆愛護地球的初心，期盼透過有限生命，創造出無限價值。●

幫垃圾量體重
全家便利商店碳盤查靠硬工夫

文 江明晏

中央社政經新聞中心記者，主跑電信、手機及觀光百貨線12年，曾任中央社全球視野影音新聞主播

「全家就是你家」，一句再熟悉不過的廣告詞，也象徵台灣的便利商店無所不在，密集程度在全球數一數二。當淨零排放浪潮向台灣襲來之際，在全台擁有4,000多家通路的全家便利商店早已把相關概念付諸實行，不只率先導入碳中和、負碳商店的實驗店型，更主動為產品計算碳足跡。

而未來若想擴大實現「零碳消費」的願景，「碳盤查」就是一切的根基。

「碳盤查就像是量體重」，全家便利商店經營發展部部長吳信賢如此形容。他說，要先算出全家便利商店一年有多少碳排量，之後才能精準規劃減碳路徑與目標，「只是這個量體重的前置作業，遠遠比想像更複雜、更detail（細節）」。

吳信賢與他所帶領的一人團隊，就是全家碳盤查基礎工程的關鍵人物，他們必須串起顧問團隊與各業務部門的橋梁，並從繁雜的數據堆中「抽絲剝繭」，辛苦程度自然不在話下。

碳中和

透過減碳、抵換方式，讓二氧化碳排放量與清除量達到平衡狀態。

超商碳盤查不只電力物流　全家找解方避免土法煉鋼

配合國家2050淨零碳排路徑，金融監督管理委員會於2022年3月3日發布「上市櫃公司永續發展路徑圖」，分階段推動上市櫃公司揭露溫室氣體盤查及確信資訊，建構企業溫室氣體盤查能力。

負碳

二氧化碳清除量遠超過排放量。

吳信賢表示，按規定，企業必須在2026年前完成碳盤查，全家便利商

全家台南平豐店自發綠電占全店6%至8%電力。（張榮祥攝影）

店提前在2023年著手因應整體性的溫室氣體盤查工作，而邊界範圍的劃分，是許多企業首先要面臨的抉擇。

截至2023年11月底，全家便利商店在台灣有4,220家通路，但有90%的店鋪屬於加盟主，「考量控制權的問題，全家第一階段只針對350家直營通路做盤查，於2024年再擴大到全體店鋪」，雖然初期規模只有十分之一，但數據搜集的難度，還是超乎想像。

碳盤查概念上把溫室氣體排放源分成三大範疇，對全家便利商店而言，範疇一「直接排放」的來源，包括店鋪冰箱冷媒的逸散、公務車的用油等等，甚至有的店鋪因為沒有汙水下水道，必須計算化糞池氣體的逸散。

範疇二「間接排放」則包括外購電力，例如每家便利商店每個月用了多少度電。範疇三「其他間接排放」則必須涵蓋供應鏈上下游，包括商品物流運送到店鋪的過程，以及店鋪的廢棄物處理，這是涵蓋範圍最大，也是最費心力的環節。

「一般人會去量垃圾有多重嗎？」吳信賢表示，以前店長只知道大概丟了什麼東西，但為了碳盤查，必須仔細量測廢棄物的重量，並計算運送廢棄物到焚化爐的距離，還有焚燒後所產生的溫室氣體，再把所有數據和碳排都連結起來。

他再舉例，有接汙水管的店鋪，就不需要考慮化糞池逸散的碳排，因此要量測這項數據，就必須先掌握全台汙水管線的配置，「我從沒想過，調查汙水管線會和我的工作有關係」；甚至，他與團隊還要調查使用了哪些廠牌與型號的冷氣，因為涉及填充的冷媒逸散氣體的速率。

「細節的堆疊，同時要掌握數據的品質」，吳信賢認為碳盤查的工作要精準，但有些店鋪數據也不可能每一家、每一天都全數掌握，這時就會用小範圍的樣本去推估，「找到解方、避免土法煉鋼，耗費過高的人力和心力」，但其所牽涉的數據品質，又攸關未來減碳的成效，不可不慎。

在第一階段350家直營店「量體重」的結果出爐後，全家計劃再擴大規模，並設定減碳的短中長期路徑。

而溫室氣體盤查後的下一步是什麼？全家便利商店早已在思考減碳量所產生的碳權應用，並從內部衍生許多實驗店型。

打造負碳商店　六款土司驗證碳足跡

2019年12月，全家攜手臺北大學在三峽打造全台唯一的「負碳商店」，引導消費者從隨手消費中累積碳資產，目前已有8家店，持續擴大合作規模。

「負碳商店」主打販售負碳商品[1]，但一般飲料泡麵等食品，從原料取得、生產、運輸等環節全都要使用電力和能源，一定會產生碳排放，此時則可運用碳權來抵銷或補償排放量對於環境的影響。

全家的做法是攜手臺北大學教授李堅明主持的「北大低碳社會計畫」外購碳權，與產品製程產生的碳排放量相互抵銷、甚至高於碳排放量，全家稱為「負碳商品」，且售價和一般商品完全一樣。

購買「負碳商品」的消費者，可透過全家會員累積「碳資產」，進而兌換現金折扣券。吳信賢表示，全家希望透過提供誘因和鼓勵的方式，「輕推（nudge）」消費者，進行對地球友善的選購行為，但還需要足夠的曝光和溝通，並擴大取得碳足跡標籤的產品。

全家關係企業福比麵包工廠就率先在6款土司取得碳足跡標籤。福比麵包廠總經理林純如表示，碳足跡標籤須鉅細靡遺盤點土司商品的原料來源、運送過程、生產中的耗水耗電，甚至連末端商品的物流配送、回收處理等環節，都要逐一清查。

每一種產品都有碳足跡標籤專屬認證公告的方法學，吳信賢舉例，土司的碳足跡必須要追溯到麵粉產地，但因為目前缺乏相關的方法學，珍珠奶茶要取得碳足跡標籤就有難度，「要有使命感及強烈的企圖心，否則取得碳足跡標籤過程曠日又費時，非常不容易。」

台南平豐店力拚碳中和　員工累積碳權貢獻己力

此外，全家便利商店還攜手泓德能源，選在光照充足的台南平豐店建置孤島電力系統，打造全台唯一的「能源韌性實驗店」。

全家設備工程部部長楊豐瑞表示，該店所產出的綠電，占全店用電量約6%至8%，設置儲能系統可彈性調控能源，在離峰電價時儲存電力，尖峰電價時

🍃 碳足跡標籤
又稱碳標籤、碳足跡標章，用以揭露產品（含服務）生產歷程的碳排放量。

1　此處的「負碳商品」，指的是在購買碳信用額度後、攤分給產品高於本身碳足跡的碳信用額度量；與國際間定義的「負碳技術」（二氧化碳清除量大於排放量）有所不同。

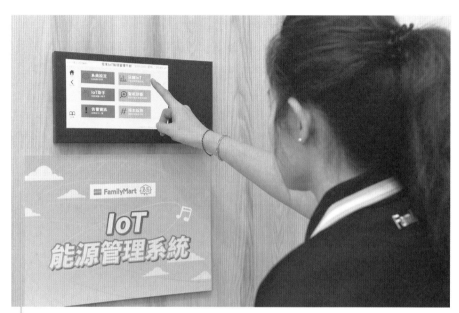

全家透過IoT能源管理系統，可智能管控用電量，達到節能減碳效果。（全家提供）

則釋出電力使用，估每月可節省1成電費、降低近500公斤的碳排放量。

然而，全家副營運長王智正坦言，全家開設能源實驗店的投資大概超過新台幣1,000萬元，比一般店型多出一倍，因此短期內要大規模複製不太容易；但減碳絕對是未來顯學和趨勢，透過能源實驗店進行多種項目的落地可行性研究，未來不見得會「全店輸出」，而是局部導入，例如有些郊區店型就可以裝太陽能板，而充電樁和儲能設備也很適合都市店採用。

同時，台南平豐店也同步進行單店溫室氣體盤查，2023年底已完成碳中和驗證。

台南平豐店碳中和使用的碳權，是全家透過塑膠工業技術發展中心向國際獨立機構黃金標準（Gold Standard, GS）購入，為泰國風電產生的碳權。

產生碳排，就買碳權來抵銷，是最直接的做法，但吳信賢表示，全家集團希望碳中和不能只是「花錢解決」，更希望能從通路業者角色，教育並邀請消費者一同在消費中落實減碳行為，因此想到與關係企業全盈支付攜手合

作，透過鼓勵消費者購買綠色概念商品，再藉由支付行為將「碳流管理」觀念落實在日常消費場景，讓減碳、全家與消費者產生緊密的三角關係。

他進一步說明，全家除了外購碳權進行碳中和，也額外設計一個機制，鼓勵集團員工透過全盈+PAY「減碳贏家」服務消費指定的綠色概念商品，或是租用循環杯等減碳行為，藉以累積「減碳紀錄」，當累積至一定程度時，才能換算為全家要購買的碳權，藉以抵減平豐店的碳排放。同時，全家集團針對參與員工頒發永續行動證書，對積極參與的員工更額外給予回饋獎勵，希望提供誘因以教育員工與消費者貢獻一己之力，「讓碳中和行為變得更有意義」。

全家集團也將這樣的運作模式持續複製並放大到不同專案，2024年第一季全盈+PAY「減碳贏家」服務更擴大「封閉測試」規模，同時放眼B2B市場，與玉山、台新、歐萊德、配客嘉等13家企業展開合作，打造「與員工協力累積減碳紀錄的平台」，藉此協助企業提升員工在企業永續行動參與率及永續素質；終極目標是擴大到所有消費者，讓消費者認知綠色消費就像累積點數一樣，為減碳紀錄尋找到更多的「出海口」。●

率先定義百貨碳盤查規則
遠東SOGO提高能效創新機

文 曾智怡

中央社政經新聞中心記者，主跑零售百貨、離岸風電、中油、台電等國營事業

搭乘手扶梯抵達遠東SOGO百貨天母店改裝後的2樓，大面落地窗伴著陽光灑落，綠色植栽錯落其中，圓形沙發、木製矮凳形成的綠色休憩區，是腳痠時歇會兒的好去處。肚子餓了，前往美食街使用環保餐具用餐，吃飽喝足去洗手間「方便」一下，沖馬桶的水來自雨水回收系統。

這些看似再尋常不過的消費行為，背後卻隱藏著遠東SOGO努力近10年

遠東SOGO天母店是全台取得首張「碳足跡標籤」的百貨，改裝後的2樓有一處綠色休憩區。（遠東SOGO提供）

的環境永續之路，董事長黃晴雯説，「路走對了，就不怕遠。」在減碳當道的現在，SOGO把永續消費變成一種品味。

2015年，遠東SOGO率先與政府一起定義出百貨零售業「產品類別規則」（Product Category Rules, PCR）[1]，天母店是全台取得首張「碳足跡標籤」的百貨，3年後，天母店獲頒「碳足跡減量標籤」，加入綠色採購行列；2022年遠東SOGO進一步成立氣候變遷委員會，為亞太第一個加入國際倡議EP100[2]的零售百貨，並喊出2040年完成全台7店碳中和目標。

要碳中和，就要先盤查碳排放總量，SOGO不是製造業，最大碳排來源，來自各營運據點能源使用，其中又以空調為大宗，另外包括紙張、發票等營業用原料，空調、照明等服務設備所產生以及廚餘、資源回收等廢棄物處理之排放。

SOGO於2022年完成忠孝店、復興店、天母店前一年度溫室氣體盤查，並經ISO 14064-1:2018查證；預計2024年上半年完成全台每間店溫室氣體盤查與第三方查證，目標2028年台各店皆取得「減碳標籤」。

分析氣候變遷財務痛點 碳盤查為關鍵環節

碳盤查也是風險診斷的關鍵一環，根據SOGO企業2022永續報告書，SOGO將新法規不確定性、再生能源電力需求增加、瞬間強降雨等單一氣候相關事件等視為風險，且對財務影響程度高。

以綠電需求增加的風險為例，SOGO説明，風險情境討論基礎是台灣政府頒布2050淨零排放路徑、經濟部用電大戶條款，將讓營運成本增加，並延伸電力管理設備汰換需求；潛在財務衝擊則有太陽能發電案場建置與維運成本，以及綠電購買費用。

碳足跡減量標籤

又稱減碳標籤。廠商以現行碳足跡標籤所載的碳足跡作為減量基線，該產品5年內碳足跡減量達3%以上，經環境部審查通過後可取得減碳標籤。

---

1 產品類別規則（Product Category Rules, PCR）：一個或多個產品要進行碳足跡、第三類環境量化宣告時，所使用的計算規則及指南。每類產品適用的具體規則不同。

2 EP100（Energy Productivity 100）：由國際氣候組織（The Climate Group）與節約能源聯盟（Alliance to Save Energy）發起的全球能源生產力提升倡議，邀請全球企業公開承諾提升能源效率。

對此，SOGO一一列出管理對策，包含逐年提交EP100能源生產效力報告、實施智慧化能源管理系統、提高再生能源使用比例、電動車充電樁普及全台營運據點，全面落實能源管理。

加入EP100　每度電創造營收年年攀升

遠東SOGO在2022年正式成為EP100國際倡議一份子，是亞太地區首個百貨零售業會員，承諾至2028年累計節電率達40.30%，能源生產力即每度用電創造營收成長50.52%。

SOGO表示，全台各店都以ISO 50001能源管理精神進行控管，每月審視能源使用情形，如SOGO忠孝店於2021年度汰換老舊冰水機，2022年就省下約27萬度電外，也將店鋪玻璃帷幕裝設遮陽簾、頂樓種植綠色草坪等，希望藉此降低太陽照射高溫，以節約能源。

「創能」也是重要一環，SOGO先後於天母店、新竹店頂樓完成太陽光電建置，其中天母店已在2023年取得再生能源憑證；同時，積極爭取更多再生能源憑證，並進行碳權布局，開拓零售新商業機會。

SOGO在永續報告書點出「能源效率」是「化危機為轉機」的關鍵。雖然2022年SOGO總用電量較前一年增加2.14%，每度電創造營收也增加至447.99元，較前一年成長6.97%；與基準年2018年相較，2022年用電強度[3]提高25.55%，顯示SOGO正走在對的道路上。

綠色行銷滴水不漏　電子禮券可疊7座玉山

要讓消費者「共感」減碳，SOGO曾推出一款「種樹」App遊戲，最後共送出8,500份盆栽、超過1.8萬人次響應外，SOGO也將促銷DM、禮券數位化，2022年SOGO全台店鋪發出的DM逾8成5為電子DM；發放的電子禮券歷年節省用紙量，可堆疊出超過6.5座玉山，隔年更上一層樓，電子禮券已達7座玉山高。

3　用電強度：每度用電創造的營收。

同時，SOGO禮贈品的選擇同樣講究，除了環保杯、環保餐具、購物袋等，電器類贈品優先採購具有環保標章的商品；發行永續專刊，嚴選符合環保概念的永續性商品，各檔期DM也規劃永續版面，實體賣場更布置綠色商品專區。

攤開SOGO品類營收占比，化妝品類營站穩第一名寶座，因此，SOGO鼓勵消費者將化妝品、香氛正貨空瓶拿至專櫃回收，並以電子點數獎勵。根據統計，2022年全台294個櫃位響應，回收18.6萬個空瓶，數量增較前一年大增28%。

重視供應鏈管理　全台分店96%為綠色餐廳

從線上到線下，從餐飲櫃位到員工餐廳，SOGO種種領先業界的創舉都巧妙助攻消費者實踐永續於日常，2017年率先停用一次性與美耐皿餐具，2019年全面禁用塑膠吸管，並且不主動、不免費提供一次性餐具外，SOGO也在環保源頭減量、使用在地食材、惜食點餐，並輔導店內餐飲品牌進行低碳轉型。

此外，SOGO連續多年舉辦全台最大規模小農展，以「從產地到餐桌」為策展主軸，倡議減少食物里程碳足跡。

SOGO表示，小農展起始點為SOGO起家厝忠孝店，2022年共舉辦7場小農相關活動，消費創下逾4.8萬筆，業績年增32.4%，平均客單價為590元，成長幅度達21%，全台則舉辦共29場活動，推廣永續食農教育與在地文化。

黃晴雯表示，遠東SOGO是國內第一個進行供應鏈管理的百貨，因應聯合國永續發展目標SDG12的責任消費與生產，將過去的企業社會責任條款，優化為含有9條細則的「永續條款」，強化供應商在社會和環境面向的永續作為，藉此提升供應商永續韌性。

她強調，遠東SOGO力拚發揮通路影響力、以大帶小邁向淨零。●

追求永續總動員
台積電揪伴轉型採購綠能

文 張建中

中央社政經新聞中心副主任記者，駐竹科20多年，長期耕耘半導體產業路線

台灣積體電路製造公司製程技術領先全球，居專業積體電路製造服務龍頭，代價是一年用電超過200億度，溫室氣體排放量約1,800萬公噸二氧化碳當量（CO_2e）。台積電全力以赴追求科技與生態平衡，攜手供應鏈夥伴一同低碳轉型，並開創再生能源聯合採購模式，邁向永續目標。

EUV機台成吃電怪獸　強化減排因應高碳價

有護國神山之稱的台積電，其3奈米製程是當前半導體業最先進的技術，極紫外光（EUV）技術則是台積電製程成功推進的關鍵，EUV是以每秒5萬次雷射光束轟擊液態錫產生光，且光須藉由特殊的反射鏡傳送，經過多次反射也非常耗能，2022年，台積電成功降低EUV 機台每片晶圓耗電量22%，相當於年省 6,000 萬度電[1]。

隨著EUV機台數量增加，台積電用電量升高，2022年占比為7.5%，台灣綜合研究院院長吳再益預估，到了2025年，台積電用電量將占全國用電量的12.5%，這對台灣的電力供應將是極大的挑戰。且隨著半導體產業的發展，其碳足跡也將愈來愈高。

因各國已有共識將碳定價制度視為達到淨零的必要政策，台積電慎重其事，設定不同氣候情境碳價與公司減量路徑，評估可能造成的財務衝擊影

碳定價

為二氧化碳制定一個價格，將碳排放的成本，計算到生產以及消費成本中。

1　根據台積公司民國 111 年永續報告書。

台積電舉行小班制的碳盤查工作坊，協助供應商專責人員建立盤查能力。（台積電提供）

響區間。若全球的能源部門到2050年要實現二氧化碳淨零排放，在高碳價情境下，台積電若不繼續施加減碳管理措施，估計財務衝擊將達到營收的2%至3%，以年營收逾新台幣2兆元計，影響金額高達400億到600億元以上。

台積電執行溫室氣體減量作為勢在必行，力求將比例控制在小於營收1%。

為檢視整體減碳成效及修正減量策略，台積電將年度溫室氣體盤查作為第一步。經統計，溫室氣體排放中來自範疇一製程直接排放占11%；範疇二能源間接排放占50%，為最大排放源；範疇三價值鏈間接排放占39%。

台積公司企業策略發展資深副總經理林錦坤說，最後的這39%，就是要靠供應鏈做好，因此要帶動一起來做。台積電推出碳盤查工作坊，由專業講師進行教學，同時推出企業溫室氣體盤查線上課程，說明盤查基礎知識與計算方式，列為第一階供應商[2]必修課程，深化供應鏈永續實踐力。

同時，台積電與供應商投入資源進行大數據分析，研究EUV機台電力消

2　第一階供應商：直接交易且年度訂單 3 筆以上，交易金額大於新台幣 500 萬者，2022 年共 1,230 家符合定義。

耗主因，優化機台反射鏡反射效率及幫浦的最佳運作點，降低每片晶圓耗電量，以兼顧製程技術發展與環境永續。

徵獎激勵綠色創新　打造低碳供應鏈

而為鼓勵員工投入綠色創新，台積電透過年度節能模範獎與創新獎激發員工提出優良提案並付諸實現，自2020年開始舉行「TSMC ESG AWARD」，2023年邁入第四屆，有多達62萬1,126人次全球員工參與，報名提案數達3,166件，較前一年增加68%，創下新高。

台積電以實體、線上雙軌並行方式展出初選入圍提案，並設計虛擬扭蛋機互動遊戲鼓勵員工認識不同提案內容；還邀請供應商共同參與提案，如與供應商合作包材循環回用及氟化鈣汙泥回收轉製再生產品，透過獎勵制度深化自身與供應鏈減碳思維。

在生產機台節能方面，台積電將機台更換節能型元件，或新機台使用高效率節能附屬設備與節能元件，一年分別可以節能超過1億度；廠務節能方面，台積電將外氣空調箱改裝溼膜板[3]及冷卻水塔裝節能扇葉，一年同樣可以節能超過1億度。另並更換發光二極體（LED）照明、空壓機一、二段壓縮冰水改冷卻水降溫、機台製程冷卻水減量、汰換高效能節能幫浦及冷水機。

投入碳權布局　深耕永續發展

響應行政院環境保護署（今環境部）2018年公告「TM002含氟及N_2O溫室氣體破壞設備減碳方法學」及其碳權獎勵申請辦法，台積電自主裝設數千台現址式高效破壞削減設備，符合減碳方法規定，2020年通過申請，成為台灣首家獲得TM002減碳方法學認證的半導體廠，獲得57萬噸碳權。

除了節能，台積電也積極布局碳權買賣，由企業環保安全衛生、財

3　溼膜板：將外氣空調箱洗滌加溼系統內的介質板改為溼膜板，藉由細水霧依附其上形成大面積水膜，使水膜可吸收更多外氣所含微汙染物，強化洗滌效果；且水泵馬力變小，可減少 80% 用電量，達到節能效益。

台積電新增台南西口水力發電廠電力供給，達成多元化綠電使用。（台積電提供）

台積電與供應商合作優化EUV機台節能成效。（台積電提供）

務、會計、法務、資材供應鏈管理等單位組成碳權工作小組，參考國際規範與業界做法訂立「自願減量的碳權品質標準」做為採購準則，延伸永續影響力。

碳權評估項目包括減碳驗證標準、核發年分、外加性、永久性、風險管理，碳權自核發日起算應在5年內，3年內尤佳，且不可重複核發，專案所在地的政治應穩定，無媒體負面報導，並透明揭露專案細節。

台積電亦優先考量具社區共融、生物多樣性效益（CCB）等符合聯合國「永續發展目標」（SDGs），以及碳權來源與排放源所在地一致的專案。台積電透過碳權交易抵減碳排放，同時達到多項SDGs目標，創造多元永續效益。

拚2040實現RE100　加速部署再生能源

值得注意的是，除不斷精進各項節能減碳行動，台積電同時擴大再生能源電力使用且建立多元化供應來源，將100%使用綠電列為實現淨零排放的重要策略之一。2020年成為全球第一家加入RE100[4]的半導體企業，不只要在製程做到領先，同時也須做到淨零排放，所以在綠電需求上非常迫切。

4　RE100（Renewable Energy 100）：由氣候組織（The Climate Group）與國際非營利組織 CDP 主導的全球再生能源倡議，加入企業必須公開承諾在 2020 至 2050 年間達成 100% 使用再生能源的目標，並逐年提報用電數據。

2023年台積電股東會中，總裁魏哲家說，台積電會一直支持綠電發展，增加綠電用量。董事長劉德音也表示，台積電會鼓勵業者參加綠電發展，在業者投資時就買下電。

　　台積電於2020年簽署全球最大，共920MW（千瓦）裝置的發電量的企業再生能源購售電契約，並透過持續簽訂多元的再生能源採購長期合約，期望帶動台灣再生能源產業發展、吸引海內外再生能源廠商在台投資，創造更大的再生能源市場供給。

　　2022年新增小水力電廠供電、持續增加陸域風場供電，並透過建置太陽光電發電系統產生零碳綠電供自廠使用，台灣廠區全年綠電使用年增率達47%、海外生產據點達成範疇一與範疇二淨零排放，以及連續5年海外子公司零電力碳排。

　　特別的是，台積電於2023年首創台灣再生能源聯合採購模式，打造再生能源與產業用電的媒合平台，簽訂為期20年200億度再生能源聯合長期採購合約，為供應商與子公司爭取穩定的聯合採購價格，降低產業夥伴採用再生能源的門檻。

　　台積電積極加速採用再生能源電力，2030年全公司生產據點使用綠電比例由原訂的40%，提升至60%，連帶加速RE100永續進程，擬提前於2040年達成全球營運100%使用再生能源目標，較原訂的2050年提早10年時間。

　　只是台灣綠電發展不夠快，令台積電陷入兩難。台積電2023年股東常會上，劉德音曾說，台灣的綠電發展速度不夠快，2022年，台積電使用的綠電是台灣生產所有綠電的約4%，對台積電要達到RE100的綠電需求，實際上還有很大的差距。

　　他曾無奈地說，「買太多，其他人買不到；買太少，公司無法達到ESG目標」。台積電要成為全球低碳標竿，還需要與政府配合，在淨零碳排和綠電努力。●

永
續
小
教
室

再生能源憑證與碳權的不同

再生能源憑證		碳權
國家再生能源憑證中心 (1張憑證為1000度綠電)	發行 單位	環境部或國際獨立機構
水力、風力、太陽能等 再生能源發電量	代表的 意義	經認證的溫室氣體減量成效
抵銷範疇二／類別2的用電碳排放	適用 範圍	抵銷或補償各種溫室氣體排放所產生 的責任，如供應鏈碳中和
拍賣或自由交易	交易 方式	零售平台、場外交易或碳交易所提供 的各種交易方式
直接向綠電業者或台電購買綠電、國家 再生能源憑證中心「媒合交易專區」	交易 平台	臺灣碳權交易所（國內減量與國際減 量分開交易）、國外碳權交易平台

資料來源：環境部、國家再生能源憑證中心

再生能源電力及憑證市場運作方式

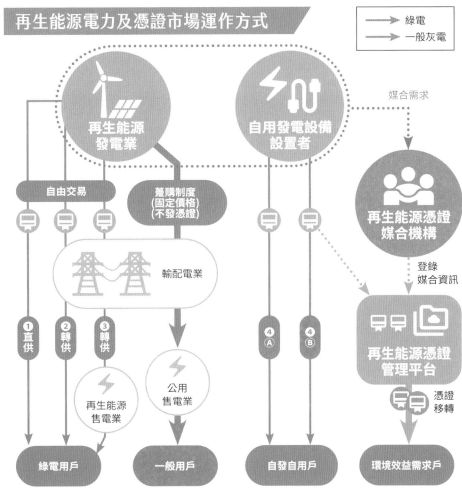

資料來源：國家再生能源憑證中心

中鋼多元布局
以大帶小的鋼鐵減碳模範生

文 賴言曦

中央社政經新聞
中心記者，曾任國
際暨兩岸新聞中
心記者

晚間走進中鋼公司位於高雄小港的行政區，高聳的高爐仍燈火通明，顯示一貫化作業煉鋼24小時不停運轉的中鋼，全年無休地貢獻台灣鋼鐵業。

歐盟針對進口產品的「碳邊境調整機制」（CBAM）2023年10月上路，包含水泥、鋼鐵、鋁、肥料、電力和氫能產業，都被納入第一階段適用的產業。待2026年正式落實後，欲進入歐盟市場的外國產品若超過歐盟訂定的溫室氣體（GHG）排放標準，就必須購買足額的CBAM憑證，產品方能進入歐盟。

中鋼所生產的鋼材以內銷為主，近年鋼品外銷歐美的占比僅8%，但台灣鋼鐵產業鏈的下游用鋼業者例如螺絲螺帽，以歐美為主要出口市場，西方國家積極啟動管制進口產品行動，讓身為台灣碳排大戶前十名的中鋼沒有蹉跎歲月的本錢。

鋼鐵屬於高耗能產業，中鋼近3年來的溫室氣體總排放量，2020年1,956萬噸，2021年2,229萬噸，2022年1,962萬噸，集團共占全台總碳排達10.8%，目標要達成2030年相較2018年減碳25%。

為減碳馬不停蹄　中鋼2006年就開始碳盤查

中鋼在臺灣碳權交易所2023年12月22日上線時，成為首批購買國外碳權商品的企業之一，以行動展現與國際接軌的高度意願。董事長翁朝棟受訪時指

出,「這對中鋼很有意義」。

除了執行碳中和路徑中所規劃的減碳工作外,中鋼也輔導下游客戶建立組織型盤查能力,並協助鑑別出減碳方案。中鋼生產部門助理副總經理周文賢指出,中鋼1971年創立的時候,就成立能源節省委員會,當時節能是為了降低成本,但也為後來的減碳工作打下良好基礎。

中鋼董事長翁朝棟(右1)與總經理王錫欽(右2)主持築爐奠基祈福典禮。(中鋼公司提供)

為了從根本尋找減碳方法,中鋼環境保護處處長吳一民表示,中鋼於2006年起即依據國際標準ISO 14064溫室氣體盤查作業,掌握排放熱點及查證作業,並積極推動節能專案及持續改善優化內部的對應措施,擴大溫室氣體減量成效,以降低排碳量。

但中鋼很快就發現另一個問題;環境保護處組長張致瑋指出,由於中鋼為一貫式煉鋼廠,製程所投入的物料及排碳流向複雜,須蒐集多元資訊,花費大量的時間與人力執行每年的盤查作業。

為簡化盤查流程、減輕作業負擔、減少人工輸入的錯誤,中鋼整合內部既有的資訊系統,建置溫室氣體盤查系統,透過自動擷取各單位活動數據,並依設定排放係數,計算全公司年度排放量,該系統經查驗機構認證計算合理性與正確性後,將可逐月盤查,作為後續生產排程的參考。

攜下游推碳中和鋼品　多角化布局減碳方案

中鋼2023年11月初宣布產出150噸通過英國標準協會(BSI)第三方認證的碳中和線材,並交付給客戶晉禾加工成六角螺絲。除了晉禾,中鋼也與盛餘鋼鐵合作產出碳中和冷軋鋼品。

碳捕捉

從火力發電廠、石化廠、煉鋼廠等排碳工廠所產生的煙道氣，將其中的二氧化碳予以分離及壓縮，不使直接排入大氣中。

碳封存

把捕捉後的二氧化碳，透過槽車、船舶或管線等方式運送至碳封存場，再注入深部鹽水層、舊油氣田、舊礦坑等構造，藉由地層之封閉與吸附，予以長期封存。

總經理王錫欽指出，中鋼考量台灣再生能源供應情況，仍必須採取高爐煉鐵、轉爐煉鋼的方式生產低碳鋼材，且在氫能冶金、CCS（Carbon capture and storage, 碳捕捉與封存）等先進減碳及碳封存技術尚未達到商業化規模前，尚須透過購買碳權等方式達到碳中和。

「台灣沒有像歐洲鋼廠有充足的資源」，王錫欽坦言，因此中鋼一邊在海外布局熱鐵磚、直接還原鐵[1]，同時在高爐製程上採噴吹富氫氣體[2]、還原鐵取代部分鐵礦、鋼化聯產[3]等，以減少碳排，按當前採取的碳中和路徑，預估可減少30%到35%的碳排量；至於剩下的排碳就透過碳捕捉跟碳封存，讓低碳高爐轉變成零碳高爐。

為滿足還原鐵的需求，中鋼攜手日韓鋼廠，積極在海外布局，2023年已從馬來西亞進口6,000多噸還原鐵進行試產。

王錫欽說，中鋼經過4次大批量添加還原鐵的實驗後，證明高爐直接添加還原鐵路徑具有非常好的減碳效果。研究顯示，1噸還原鐵可減少1.5噸二氧化碳排放，未來中鋼每年預估需要150萬噸還原鐵，預計每年可減少220萬噸二氧化碳排放。

不過一貫化作業煉鋼廠想要達到真正的碳中和，關鍵就在「氫能冶金」技術能否成熟發展。「氫能冶金」為透過氫氧進行鐵的還原，取代現有高爐製程利用冶金煤還原鐵而產生的碳排放。

中鋼2022年7月與國立成功大學合作成立「負碳科技氫能冶金技術共研中心」，盼研發關鍵技術，助中鋼達成2050年碳中和目標。

成立碳管理輔導團　幫客戶拚減碳

中鋼除了自己減碳，2023年上半年更成立碳管理輔導團，協助完成碳

1　直接還原鐵（Direct reduced iron, DRI）：以天然氣或煤炭產生的還原性氣體，在低溫下直接還原各類鐵礦而成，過程排碳量較低，主要可作為電爐煉鋼的原料。

2　富氫噴吹：向高爐噴吹高氫含量的氣體以替代部分煤炭與焦炭，可減少碳排放。

3　鋼化聯產：捕捉煉鋼製程中所產生的一氧化碳、二氧化碳並加以分離、純化，再製成如甲醇、甲烷等綠色化學品，可取代石化業須自國外輸入的石化原料，並達成固碳效益。

盤查及節能輔導，確保下游具備自主進行碳盤查的能力，也以節能診斷方式提供客戶量身定做的減碳方案；當年度共完成22家下游業者的預估節電潛力、每年約達868萬度，總減碳潛力約每年4,443公噸。

但為下游鋼廠進行碳盤查不是件簡單的事。負責這項工作的中鋼環境保護處工程師盧思佐指出，輔導團分成兩組，一組手把手教客戶如何計算碳排並找出公司排碳熱點，另一組人就教客戶如何就節能技術面提高效益，同時還會針對不同客戶量身定做減碳方案。

中鋼團隊更透過現場「聽音診斷」方式，協助客戶檢查空壓機產出的壓縮空氣是否有洩漏；若將管路0.4公分直徑的孔洞修補起來，每年可節省約3萬度電力的使用、將近新台幣10萬元電費，從小細節著手，讓減碳成為中小企業「有感」的事情。

中鋼減碳撇步多　手握潛在碳權待發酵

儘管在手碳權已逾400萬噸，但中鋼推動綠色生活評鑑，讓減碳深入中鋼人的日常生活，舉凡綠色旅遊補助，鼓勵搭乘大眾交通工具、吃素食等，評鑑指標多達37項，就是要讓中鋼人知道，減碳是每個員工的使命。

中鋼子公司如中鋼鋁業、花蓮石料廠等，也積極啟動減碳作為。中鋼鋁業收集裝載原料的木棧板，內部成立木工作坊，年回收木料2,664噸，每年省下新台幣2,000萬元採購費，年減碳5,487噸。

花蓮採石廠原先使用公路運輸煉鋼所需的石料，為了減碳、降低空汙及減少對周邊居民的影響，中鋼投資破億元建設鐵路支線，年減碳2,000噸到3,000噸，目前中鋼已申請碳權，成為在手潛力碳權之一。

減碳容易，要達到做到完全碳中和仍是一場「革命」。氫能冶金雖可望助力中鋼達成2050年碳中和目標，但關鍵技術門檻仍有待突破，且提升技術衍生的高成本，也將成為鋼鐵業的常態，如何透過產品組合優化轉嫁成本，考驗經營智慧。●

推動內部碳定價
台達電引領科技業減碳轉型

文 韓婷婷

前中央社政經新聞中心記者，主跑儲能、電子零組件相關產業20多年

為了積極實踐淨零承諾，拓展綠色商機，全球最大電源供應商台達電子集團於全球導入內部碳費機制，推動內部碳定價制度（Internal Carbon Pricing, ICP），碳價每噸達300美元（約新台幣9,329元）。這個價格不只高出2023年12月臺灣碳權交易所預估碳權價格的數十倍，更是歐盟排放權價格的3倍以上。

除了導入內部碳費機制，台達同時推動支持邁向淨零的五大減碳策略，包括：推動節能方案、導入再生能源電力、推動綠建築、投資低碳創新、及投資碳抵減與永久碳移除。

台達董事長海英俊認為，要減少碳排放，「以費制量」是一個辦法，更提出經濟成長必須與高耗能「脫鉤」的概念，他指出，經濟往上走，如果碳排不往下走，永遠也達不到淨零的成果。他說，2050淨零碳排的目標，雖然「山很高、路很遠」，但台達已陸續繳出成績單。

台達電2022年的營收近130億美元，從2017年一路成長；而同年碳排放量開始明顯下降，顯示台達採用SBT科學化減碳目標的成果，證明企業的獲利成長與碳排可以脫鉤。

導入ICP　內部碳定價每噸300美元

台達永續長周志宏表示，早在2014年，台達參考各地碳市場與法規，訂定各地區的內部碳價，將碳排放的外部成本內部化，積極應對氣候變遷

2021年為台達電50週年，創辦人鄭崇華（右2）、董事長海英俊（左2）、執行長鄭平（左1）、台達基金會副董事長郭珊珊（右1）出席活動記者會。（台達集團提供）

帶來的衝擊。2017年，訂定全球各地統一碳定價為每公噸50美元，並且以影子價格[1]的概念導入碳投資報酬率（CROI）計算，在節能的投資決策時，將減碳的效益作為評估指標之一。

到了2021年已不再是影子價格，台達將內部碳費融入管理機制，以每公噸300美元的內部碳定價，向各事業單位徵收，以帶動更多節能方案，並投入低碳技術研發。

周志宏說，訂定全球一致每公噸300美元的內部碳價，是根據生產據點內部及外部的環境與社會成本，主要目標就是要完全移除所產生的碳排，而此價格正好與聯合國政府間氣候變化專門委員會（IPCC）第六次評估報告（IPCC AR6）中，2030年升溫限制在1.5°C的碳價格期望值一致。

台達更在SBT科學化減碳目標的經驗基礎上，進一步承諾2030年達到RE100目標與碳中和，呼應全球控制升溫1.5°C的減排路徑，訂定2050年

內部碳定價

在企業內部制定一個排碳價格，並向公司內部的排碳單位收取費用，促進企業推動更低碳的製程或研發技術等。

據2022年國際非營利組織CDP發布的報告指出，全球已有1,077家公司實施內部碳定價。而台灣亦有超過30家公司（如台達電、台積電、台泥、台塑等）執行。

---

1 影子價格：企業將碳排成本、減排效益納入投資分析中，以驅動內部進行低碳決策。

全球據點達成SBT Net-zero的長期策略與目標。

台達營運範疇擴及全球，建構ICP管理機制需要串聯所有的事業單位，甚至併購的公司，從前期營運管理的改變、財務系統與報表重新設計，到後期優化和觀念的建立，都是極大的挑戰。

收取碳費 用於再生能源科技開發

周志宏說，為了有效推動ICP，台達建立一套內部管理機制，包含內部碳費定價規則、計算準則及如何運用的規範等，同時結合相關部門績效考核，定期在永續委員會審閱碳費運用與成果。

而台達收取的碳費基金主要用來驅動內部行為改變以及加速減碳行動，分別運用於再生能源電力及能源科技發展、能資源管理和低碳創新與倡議上，包括自建太陽能設施、廠區節能專案導入、循環經濟的應用研發等，都是碳費基金挹注的對象。

ICP管理機制的導入，難免會經歷陣痛期，但也是絕佳的改變契機。周志宏舉例，有一間子公司一年的碳費，幾乎占當年度台達所收總碳費的20%。這家子公司驚覺被收取高額碳費，開始積極運用這些碳基金降低碳排放。2022年就提出超過2,000萬美元的碳基金申請專案，大幅提高綠電使用比率，從46%提升至73%，同時積極改善生產的能源效率，減少將近17%的碳排放，各項專案執行下來，總碳費一年內降低約38%，印證出ICP機制對於節能減碳的實質助益。

碳排放下降13.5% 綠電使用率逾六成

除了子公司的成功案例，台達在全球據點也持續推動減碳，2022年共實施了309項節能方案，比前一年未導入ICP管理機制期間的285項方案更為積極，節電超過4,000萬度，相當於減碳超過3萬公噸；集團內的碳排放量（範疇一與範疇二）也較前一年度下降了13.5%，說明內部碳費機制可有效幫助企業整體碳排減量。

2023年9月，台達電永續長周志宏應邀到中央社
分享推動ESG的經驗。（裴禛攝影）

此外，台達策略性地將不同再生能源類型和ICP制度連動，鼓勵各據點優先採用自發自用及電證合一的再生能源電力，經過各區域的共同努力，2022年全球據點綠電使用比率已達63%。

台達也積極在RE100趨勢中創造商機，包括以台達的儲能系統調節用電供需，來提高綠電的使用比率；在日本自建的太陽能電廠，亦可出售綠電憑證；因應台灣綠電市場與「全球全時無碳電力（24/7 carbon free electricity）[2]」倡議趨勢，台達自行開發電力匹配程式，優化綠電的匹配和最佳化採購決策。

成立供應鏈ESG委員會　共同推動減碳永續

台達接軌國際永續倡議以及品牌大客戶的減碳要求，不僅發展為節能解決方案的提供者，同時協助旗下數千家供應商在持續擴大規模時，也一同節能減碳，期能達成2050年淨零排放的長期目標。

台達的供應商夥伴遍布全球，包含原材料、零組件商、代理商以及外包商，許多是中小型企業，相較制度完善的大型企業，靠一己之力推動永續相關專案，往往是心有餘而力不足。

因此，台達2018年在永續委員會下成立供應鏈ESG委員會，整合全球各採購體系，共同推動台達的供應鏈永續管理。企業永續發展部則擔任諮

2　全球全時無碳電力（24/7 carbon free electricity）：由能源採購者、能源供應商、政府、系統運營商、解決方案提供商、投資者和其他組織聯合組成，倡議全天候使用無碳能源。

詢小組，借助外部顧問及長期推動ESG的經驗，提供免費的教育訓練與第三方資源，協助供應鏈掌握最新永續趨勢並落實於日常營運，提升供應鏈因應氣候變遷的韌性與能力，協助供應商循序漸進地推動ESG實務導入與轉型。

台達的做法包括：帶領供應商展開碳盤查，每年與超過90%的一階供應商在氣候變遷等議題上互動，以及提供節能減碳經驗，協助供應商從各階段減少溫室氣體排放等，同時訂定供應商在2025年的近期目標，協助一階供應商通過ISO14064-1溫室氣體盤查標準。

台達的節能減碳專業與技術亦是推動永續供應鏈的一大助力。2021年台達展開供應鏈永續合作計畫，協助長期合作供應商進行節能診斷及改善工程規劃，過程中媒合台達的節能產品與解決方案。

發起台灣氣候聯盟　推動資通訊減碳

台達針對供應商舉辦的年度ESG教育訓練，從2021年約200家供應商參與，到2022年倍增至約400家，因應課堂上學員的積極回應與互動，台達更加開多場QA課程滿足供應商的需求。而供應商ESG問卷不僅回覆率提高，在節能減碳成效也持續累積，以某半導體製造業廠商為例，整體投入節能改善的金額近180萬美元，年節電量約達 1,400 萬度，相當於一年節省約115萬美元，效益顯著。

台達也與其他7家台灣科技領導企業聯合發起「台灣氣候聯盟」，台達董事長海英俊為聯盟首任理事長，期許結合合作夥伴的力量進一步整合資源，從資通訊（ICT）供應鏈來推動減碳，並廣泛與國際組織交流，引領台灣科技產業低碳轉型。

台達的ICP機制是推動氣候轉型與碳管理的重要工具，機制的推展和落實集結了台達全體員工的努力，讓台達能有效因應氣候變遷的衝擊與未來國際法規與趨勢，同時持續站穩腳步保持韌性，以實際行動邁向淨零目標，在氣候危機中拓展綠色商機。●

溫室氣體有哪些？

溫室氣體 (Greenhouse Gas, GHG) 指的是易吸收太陽輻射、將熱能保留在地球中的氣體，若大幅增加會造成全球暖化，受台灣《氣候變遷因應法》管制的溫室氣體共有7種。

資料來源：《2023年中華民國國家溫室氣體排放清冊報告》

圖例

台灣2021年度 ——— 公噸二氧化碳當量
氣體排放量

N₂O
氧化亞氮
541.2萬噸
化石燃料燃燒、微生物及化學分解排放

CH₄
甲烷
445.3萬噸
家畜、沼澤、垃圾掩埋場排放

PFCs
全氟碳化物
147.2萬噸
光電、半導體、鋁製品製程產生

HFCs
氫氟碳化物
110.6萬噸
冷媒、化學溶劑逸散

SF₆
六氟化硫
85.7萬噸
工業用半導體、鎂製品、電力設備等製程產生

CO₂
二氧化碳
2億8311.4萬噸
燃燒化石燃料時產生

NF₃
三氟化氮
59.4萬噸
製造面板、顯示器等製程產生

幸福企業的無碳願景
Google能源轉型三部曲

文 吳家豪

中央社政經新聞
中心記者，主跑海
內外科技公司及
代工大廠10餘年

當想要獲得某些事物的解答時，Google搜尋引擎已是大家最常使用的方式；而資料中心（Data Center）堆滿了伺服器，這些伺服器每天要為數十億次的網路搜尋、電子郵件以及地圖路線等服務提供動力。據估計，2020年時，Google在全球所有的事業體使用的電力大約是155億度；而隨著網際網路與整體使用業務的成長，Google的能源使用需求也隨之而升。

資料中心是全球耗電量、耗水量成長最快的使用者之一，尤其2020年COVID-19（嚴重特殊傳染性肺炎）疫情爆發，在家工作、線上教學等需求都轉移到網路上，使得Google資料中心的運算需求持續成長。

但幾乎就在同時，Google制定了一個積極的目標—「2030年全天候使用無碳能源」。更具體來說，無碳營運代表每一封寄出的Gmail電子郵件、每次以Google搜尋關鍵字、每支YouTube影片的背後，都採用綠電。

這是個很大的挑戰，但其實Google早在 2010 年就簽訂了第一份協議，向位於美國愛荷華州的 1.14 億瓦風力發電廠採購風能，合約效期長達 20年。過去10年間，Google購買的再生能源電力量比任何其他公司更多。

「很多人面對的是法規等外部壓力，但Google內部壓力也很大。」Google台灣公關副總經理張聿嵐說，曾有人跑來問Google，有沒有人專門負責CSR（企業社會責任）；早期Google並未設立永續部門，也沒有永

Google荷蘭資料中心附近的風力渦輪機正在運轉。(Google提供)

續長的角色,對Google而言,做的所有事情都跟CSR相關,不需要特別設立專責團隊。

耗能的資料中心也能全綠電?降低碳足跡不忘初心

過去25年來,Google從新創公司一路茁壯,成長為跨國企業,員工愈來愈多,在全世界都設有辦公室,加上雲端與硬體業務蒸蒸日上,碳足跡也跟著增加。張聿嵐坦言,「只有初心是不夠的」,Google需要更有意識地擴大減碳。

走進Google台灣辦公室,員工餐飲空間已不再提供瓶裝水,自帶包裝的食物也減少,改為批發採購後分裝在玻璃瓶內,同時盡量多採用當地食材,減少食物運輸。

「要推動這件事,最需要克服員工壓力。」張聿嵐指出,光是辦公室供餐如何減少浪費,同時維持「幸福企業」形象,就得採取漸進式策略讓員工理解;有些人多拿一個盤子,把食物帶回座位吃,雖然只是一念之間,無形中卻增加了碳足跡。

Google台灣的食物團隊觀察員工比較喜歡哪些餐點,減少供應較不受歡迎的食物;另外也發現,現切水果往往熱門,但放太久沒吃完,為了衛

生考量也只能丟棄。有員工提議，可以增加供應未切分的水果例如香蕉等，有需要再自己動手。

自1998 年成立以來，Google的全球氣候行動已經步入第三個10年。前20年已達成階段性目標，包括第一個10年是專注實現碳中和，抵銷碳排放量，成為當時全球第一家實現碳中和的大型企業；第二個10年積極於全球採購再生能源憑證，從2017年至今，每年採購的再生能源憑證與Google全年、全球的用電量相當。

2017年後進入第三個10年，Google訂下最具挑戰性的目標，希望全天候以無碳能源維持所有Google辦公室與資料中心營運，實現無碳願景。

資料中心能效大增　AI優化電力預測

Google投資各種方法，能夠在任何地點和時間，獲得可靠的無碳能源，例如將風能和太陽能配對、增加電池儲存力，或研究應用人工智慧（AI）來優化電力的需求和預測，使Google資料中心的能源效率，達到其他典型企業資料中心的2倍。

舉例來說，Google目前也透過將碳排放參數納入計算，決定出應該在哪個數據中心進行運算，以降低運算過程所產生的排碳量。

相較於許多耗能的氣冷式資料中心，Google採用水冷卻技術，可減少約10%的能源消耗，進而降低碳排放；2021年，水冷卻技術幫助Google減少資料中心整體約30萬噸的二氧化碳排放量。Google也承諾會加強水資源管理，並積極採用再生廢水、海水等替代水源；目前，Google全球資料中心總取水量（不包括海水）的23%已來自再生廢水和其他非飲用水。

位於彰濱工業區的Google台灣資料中心，臨海的地理位置讓Google可以利用現有資源，作為冷卻系統的一部分，引用海水經由熱能轉換設備，並混合更多新鮮海水後，再導流回大海。但彰化天氣不穩定，資料中心就設有儲水系統，水量少的時候會使用預先儲存的水，並考量日夜溫差來調節冷卻方式。

台灣辦公室在地減碳　導入綠建築

與Google全球目標一致，Google在台灣的減碳目標也是朝向2030年無碳營運邁進。Google台灣總經理林雅芳表示，隨著Google在台灣規模快速成長，加上Google已在台設立全球資料中心、擁有美國總部以外最大的硬體研發基地，都讓Google積極在台灣落實永續理念。

Google台灣設施管理資深總監簡國峯表示，在台承租的辦公大樓都符合美國LEED綠建築最高等級標準，其中已啟用的板橋辦公大樓TPKD不僅在興建時已與房東協調裝置各種感測器，更是Google亞太區首座採用Google數位建物技術（Digital Buildings Technology）的智慧建築。

Google台灣總部辦公室所在地台北101大樓，在2016年已取得最高等級LEED白金級認證，硬體研發團隊第一座辦公大樓板橋TPKD則是LEED CS黃金級認證，透過Google雲端平台（Google Cloud Platform, GCP）打造，結合自動感測技術、物聯網與AI/ML（機器學習）功能，提供完善的能耗管理與規劃，促進員工生產力與工作彈性，也能提升營運的成本效率。

簡國峯也表示，位於板橋、預計啟用的第二棟大樓TPKE，預期可達到更高的環保標準，將採用低全球暖化潛勢（Global Warming Potential, GWP）[1]冷卻系統，使用低於全球暖化潛勢10倍的冷媒，臭氧破壞潛力值為0，加上TPKE為100%電氣化建築，有助減少碳排放。

Google重視對台灣的在地承諾和負起相應的企業責任，2050淨零轉型是全世界的目標，也是台灣的目標。隨著在台灣的營運規模愈來愈大，Google期許能扮演產業領頭羊的角色，在2022年正式將「促進環境永續發展」規劃納入Google「智慧台灣」計畫，作為Google投資、建設台灣的新領域目標。●

1　全球暖化潛勢（Global warming potential，簡稱 GWP），為衡量溫室氣體對全球暖化影響的方式。是將各種溫室氣體轉換成相同質量二氧化碳，比較其造成全球暖化的相對能力。

不做製造卻大步淨零
宏碁找低碳解方

文 吳家豪

中央社政經新聞
中心記者,主跑海
內外科技公司及
代工大廠10餘年

全球暖化議題「沒有人是局外人」,包含宏碁公司（Acer）在內的台灣科技業空前踴躍前進在杜拜舉行的聯合國氣候變化綱要公約締約方第28次會議（COP28）,凸顯了供應鏈減碳進程箭在弦上,是台灣出口產業的重大壓力,但表現得好也將成為轉型典範。

「宏碁又不做製造,為什麼要做低碳電腦?」宏碁永續長劉靜靜點出許多人心中的疑問。自2000年底分割代工業務成立緯創,宏碁幾乎不再自行營運工廠。

宏碁在COP28現場展示旗下採用PCR塑料的產品。（宏碁提供）

2023年12月，宏碁董事長兼執行長陳俊聖親自領軍前進杜拜。（宏碁提供）

沒有工廠的宏碁，卻是近年最積極推動淨零轉型的電腦品牌之一。從打造採用環保材料的Vero系列產品線、發表「碳中和」筆記型電腦，到2023年12月由董事長暨執行長陳俊聖領軍，於COP28期間在杜拜舉行全球發表會，宏碁用行動一步步實現「減碳宣言」，跑得比任何同業都快。

減肥前先秤重　攜手共推循環經濟

一般而言，一台14吋筆電的平均碳排將近400公斤，但如果提高能源使用效率，導入可回收金屬與再生塑料等，可將碳排降至220公斤。

宏碁定義的「低碳產品」，指的是減少能源消耗，使產品優於能源節約規範，並增加回收物料的使用，降低環境衝擊。其中，採用消費後回收（post-consumer recycled, PCR）塑料[1]是宏碁近年最積極提倡的領域。

劉靜靜說，提高PCR塑料比例的目標，早已深植在宏碁產品藍圖裡，宏碁預定2025年PCR塑料的使用量，將達到總塑膠使用量的20%至30%，

1　消費後回收（post-consumer recycled, PCR）塑料：消費者使用後的廢棄塑膠製品，經回收、再加工後，製成可再利用的原料。

策略是逐步提高PCR塑料的比例，應用於更多零件及更多產品。例如宏碁2021年問世的Aspire Vero機殼採用30%的PCR塑料，2022年增至40%。

儘管對Vero環保系列產品線銷售感到滿意，陳俊聖仍強調，未來希望在更多產品採用PCR塑料，不只局限在Vero系列，「因為所有產品線都是Vero」。

減塑又減碳　供應鏈成永續夥伴

宏碁在環保材料下足苦功，從2020年到2022年，超過3,000萬台宏碁產品已導入PCR塑料。然而PCR材料特性與原生材料不同，想大幅提升PCR用量又能維持產品強度，須仰賴研發部門和供應鏈的配合。

因此，宏碁除與供應鏈攜手強化廢棄物管理，著重於減少塑料和化學物質的管理，在生產過程中減少使用塑膠材料外，也透過每年舉辦ESG（環境保

宏碁渴望園區擴建太陽能發電站，為北台灣最大的太陽能發電站之一。（宏碁提供）

護、社會責任、公司治理）溝通會議、不定期業務會議、CDP供應商培訓及碳管理相關課程等，讓合作廠商同步思維，並透過ESG評分卡的管理機制，將供應商的溫室氣體盤查、碳管理、減碳行動與再生能源電力使用情形納入採購評估之中，鼓勵供應商承諾淨零碳排。

回想2008年宏碁成立永續發展辦公室時，CSR（企業社會責任）還是很新的概念。劉靜靜坦言，「一開始也不知道要做什麼，現在覺得理所當然的事情，當時要進行很多溝通」，起初她負責供應鏈人權管理，曾不解供應商法遵為什麼是品牌商要處理，而不是供應商；後來她意識到，品牌商向供應商下單，擁有一定的話語權，應該帶頭示範。

為了明確定義範疇，宏碁找了國際利害關係人來台灣與主管溝通，包括國際人權組織、非營利組織CDP等，了解國際利害關係人對企業CSR的期待，並連續5年舉辦論壇，界定大型議題，氣候是其中之一，另外還有供應鏈及產品等面向。

這一路走來，劉靜靜發現不只有宏碁要求淨零永續，某些客戶也會要求，發生狀況會詢問宏碁想法，慢慢在永續議題上演變成夥伴關係。例如宏碁推出的Earthion永續平台凝聚宏碁內部員工與供應商的力量，擴大永續行動影響力，就有供應商主動表態想加入，對員工帶來很大的鼓舞。

購買高品質碳權　催生碳中和筆電

劉靜靜說，宏碁向來以集團規模進行碳盤查，業界對碳盤查的理解是「減肥前要先秤體重」，對宏碁來講，減碳不是新鮮事，「已經減重好幾次」。不過，宏碁的組織型碳排仍有部分能源來自燃油，無法取代，目前還在設法減少碳排放量、提高綠電用量和採用儲能設備。

她說，2024年1月宏碁發表Aspire Vero 16「碳中和」筆電，遵循國際標準計算碳足跡，並在產品生命週期的每個階段例如生產、包裝和運輸等採取行動，盡量減少碳排，剩餘部分透過高品質碳權抵銷，達成碳中和。

劉靜靜提到，宏碁定義的高品質碳權必須經過驗證、具有「外加性」，

宏碁德國辦公室的太陽能板。（宏碁提供）

也就是碳權必須是額外的減碳行為，目前傾向使用植樹造林的碳權，未來還會關注促進生物多樣性的碳權。對於這些比較創新的減碳工具，宏碁會持續觀望及嘗試，不斷做出動態調整。

宏碁自2015年起，連續8年皆達成綠電使用占比超過40%以上，透過自建太陽能發電系統策略，宏碁不但擁有北台灣最大的太陽能發電場域，也在荷蘭、德國及西班牙等據點建置發電設備，並搭配外購綠電。2022年宏碁綠電使用比例已達44%。

宏碁承諾2050年達到淨零碳排，2023年與台泥簽訂長期再生能源電力購電協議，將達成2025年使用60%綠電的階段性目標，並進一步於2035

年實現使用100%綠電。

此外，宏碁於2020年導入氣候相關財務揭露建議書架構（TCFD），掌握氣候風險與機會，強化公司的氣候韌性，透過內部碳價機制，推動各部門與營運據點積極展開減碳行動，開展節能、創能產品與服務，並作為公司在評估導入自然解決方案、負碳技術等解決方案的參考。

ESG沒人會說NO　尋求商機抵銷綠色通膨

不過推動減碳經濟的同時，提高了供應鏈的製造成本、也推升原物料與終端的消費價格，形成了綠色通膨（企業減碳成本反映在產品價格上）。

對此，陳俊聖2023年12月在杜拜受訪時說，宏碁集團在發展ESG過程中，會尋求更多生意機會、創造更多價值，設法抵銷綠色通膨的影響。他以宏碁儲能解決方案為例，出發點是從筆電開始累積不少電池管理知識，加上宏碁在北台灣有土地，可用來設置太陽能發電廠，才發現能做的事情愈來愈多，從投資製造電池到能源安全性，都視為新的商業機會。

陳俊聖也發現，有些投資人非常重視財務，有些則重視環保，但大多數投資人都希望企業達到ESG的基本門檻，例如淨零碳排目標、RE100再生能源倡議何時做到，都視為加分項目，同時希望財務表現仍然可以接受，不要因為做了友善環境的事情，造成財務很大負擔。

他強調，宏碁發展ESG並非講求成本效益，而是尋求更多商業機會。「ESG是主流王道，是沒有人會說NO的話題」，陳俊聖直言，台灣電腦公司不少，只有宏碁參與ESG還不夠，呼籲比宏碁更有實力的公司提高參與度。●

特斯拉如何靠著「碳權」大賺600億？

文 王嘉語

中央社國際暨兩
岸新聞中心編譯

　　美國特斯拉（Tesla）是全球名聲最響亮的電動車製造公司，不過，這家公司近來躍上媒體版面，最讓人意外的不是電動車銷售數字，而是乘著淨零趨勢，靠賣「碳權」賺大錢，自2009年來累計近90億美元（約新台幣2,749億元）。特斯拉執行長馬斯克（Elon Musk）並多次公開表示支持開徵聯邦碳稅，一般認為這有利於特斯拉銷售電動車與太陽能板等相關能源產品。

什麼是監管信用額度？

　　飛雅特克萊斯勒汽車（Fiat Chrysler）曾是特斯拉碳權交易的大客戶，2019至2021年花費至少24億美元（約新台幣708億元）向特斯拉購買額度，但特斯拉賣的真的是「碳權」嗎？台灣製造生產電動車、電動機車、電動自行車的相關產業，如Gogoro也可以因此轉型為綠色企業，坐等碳權變黃金嗎？

　　中華經濟研究院綠色經濟研究中心副主任劉哲良解釋，特斯拉確實因為電動車是低碳產品，取得了先天優勢、得以從主管機關所建立的誘因機制中，得到一些可販售給其他車廠的東西，但這並不是自願性市場中的「碳權」。

　　在自願性市場的抵換機制下，企業可執行減量專案來取得碳權，而能夠取得碳權者是低碳產品、設備、技術服務的「使用者或消費者」，並

非生產者。因此，特斯拉販售的其實不是自願性市場中的「碳權」，而是製造和銷售環境友善車輛所取得的「監管信用額度」（regulatory credits）。劉哲良表示，「監管信用額度」機制是政策工具「效能標準」（performance standard, PS）的一種延伸應用。

在美國，加州和其他至少13個州都有與監管信用額度相關的規定，要求汽車製造商依據在該特定州內的汽車銷售量，生產一定數量的零排放車輛（ZEV）。生產這類車輛的汽車製造商將根據車輛的續航里程等因素，獲得一定的ZEV積分，行駛續航力愈強的零排放車輛能得到愈多額度。

美國國家公路交通安全管理局（NHTSA）以車輛加權平均能效（Corporate Average Fuel Economy, CAFÉ）規定車輛每加侖燃料應行駛的里程。2023年7月更提案客車的車輛加權平均能效在2027到2032年間每年提高2%，卡車和休旅車每年提高4%。

特斯拉則希望最終訂下的規則能更加嚴格，稱這樣做最能「節約能源和應對氣候變遷」。根據此項提議，車輛的加權平均能效在2032年底前將達到每加侖58英里（約93公里）。

特斯拉 (Tesla) 在美國洛杉磯的一處「超級充電站」(Supercharger stations)。（林宏翰攝影）

由於特斯拉只銷售屬被歸類在零碳排車輛的電動車，因此總是擁有多餘的監管信用額度，並能將它們以100%的利潤出售，特斯拉便透過向其他無法達到美國、歐盟和中國碳排放法規的汽車製造商販賣監管信用額度獲利。舉例來說，每售出一輛加州空氣資源局（California Air

Resources Board, CARB）認證的零排放車輛，最多可獲得4個ZEV積分。

特斯拉積極且有效地利用加州空氣資源局制定的政策，以最大限度提高可獲得的ZEV積分。汽車業科技顧問公司Automotive Ventures創辦人兼執行長葛林斐德（Steve Greenfield）表示，過去十多年來特斯拉是極少數只做電動車的製造商，即便別家車商也有做電動車，特斯拉仍有向其他車商出售碳抵換信用額度的優勢。

葛林斐德說，「對於特斯拉來說，出售監管信用額度是門可觀生意。特斯拉賺取額度幾無額外成本，賣監管信用額純屬穩賺不賠的無本生意。」

特斯拉一直是監管信用額度機制的最大受惠者之一。2022年，特斯拉向傳統汽車製造商販售監管信用額度，賺得約17.8億美元（約新台幣530億元）；根據特斯拉2023年年度財報，則賺取了17.9億美元（約新台幣557億元）的可觀金額。彭博（Bloomberg News）統計，這使得特斯拉自2009年來，從此類信用額度中收入達到近90億美元（約新台幣2,749億元），除了對其利潤做出重大貢獻，也凸顯監管信用額度在公司收益流中的重要作用，而這項戰略的核心便是特斯拉對於政府綠色政策的參與。

監管信用額度需求波動可能影響營利

這筆持續的收入可能讓特斯拉感到驚訝，因為特斯拉過去曾預期，隨著愈來愈多競爭對手推出自家電動車，這類收入預計將會減少。2020年7月，時任特斯拉財務長柯克宏（Zachary Kirkhorn）在法說會上發出同樣警告，「我們在管理業務時，並沒有假設監管信用額度會在未來做出重大貢獻。」他當時還說，「監管信用額度帶來的收入將會持續一段時間，但這種收益流最終會減少。」

特斯拉信用額度的供需將在未來幾年發生顯著變化。在需求面，每家製造商的最低ZEV積分百分比要求將從2023年的17%增加到2024年的19.5%，並在2025年調高至22%。這意味著未達到排放目標的汽車製造商，將不得不購買更多信用額度來符合規定。這對特斯拉來說是個好兆

頭，因為未來幾年的信用額度需求預計將會增加。

然而，如果從供應面考慮，情況會更加微妙。許多汽車製造商已承諾在2030年、2035年、2040年或2050年等不同目標年分停止銷售燃油車。隨著愈來愈多製造商轉向製造電動車，對信用額度的需求可能會減少，因而導致價格下降、影響特斯拉買賣信用額度的收入。儘管如此，特斯拉早期便進入市場及擁有龐大電動車隊，使其在不斷變化的市場環境中占據優勢，特斯拉的碳交易戰略可能仍然是取得成功的驅動力。

特斯拉表示，儘管目前電動車在製造階段加上供應鏈碳排，排放的溫室氣體仍然較內燃機（燃油引擎）車款多，但電動車只須行駛不到兩年，總排放量就會低於同級內燃機車款。單輛特斯拉電動車在整個生命週期內，可幫助減少55噸的碳排放量。

除了生產電動車，特斯拉還經營太陽能板安裝業務並銷售能源儲存系統，這些業務因為減少溫室氣體排放產生碳抵換額度（碳權），而這些額度也能出售給其他難以達到加州空氣資源局等監管機構所制定的排放標準的企業。全球特斯拉車主、儲能設備和太陽能板用戶在2022年減少了1,340萬公噸的碳排，相當於燃油車行駛超過330億英里（約531億公里）的排放量。

布局綠能轉型　擘劃永續能源願景

馬斯克在2023年3月公布了「大計畫第三部分」（Master Plan Part 3）。特斯拉的Master Plan是馬斯克在公司成立初期提出的長遠發展計畫，經歷不同階段的演變，可以看到特斯拉著力在潔淨能源、電動車和自動駕駛技術等發展。

在應對氣候變遷的挑戰中，特斯拉作為電動車產業的領航者，不僅在製造電動車方面做出重大貢獻，還利用監管信用額度這項機制參與綠色政策，取得可觀收益。隨著電動車市場的成長，以及各國政府不斷加碼環保政策，特斯拉想必仍會在永續能源領域扮演重要角色。●

減碳布局跑得快
華邦電拚綠色半導體

文 張建中

中央社政經新聞
中心副主任記者，
駐竹科20多年，長
期耕耘半導體產
業路線

台灣2023年底邁入碳有價時代，與台積電同在1987年成立的記憶體業者華邦電子公司，是首波在臺灣碳權交易所開戶和交易廠商之一。其實，2022年11月華邦電已先透過新加坡氣候影響力交易所（Climate Impact X, CIX）買進藍碳權，用以抵銷及補償家庭日的碳排放對環境造成的影響。

華邦電早在2014年便設定營運願景「以綠色半導體技術豐富人類生活的隱形冠軍」，董事長焦佑鈞2021年也曾大力推薦紀錄片《地球超負荷》，示警人類對自然帶來的衝擊，即將瀕臨地球的負荷極限，氣候變遷問題現在正是關鍵時刻。

但半導體製程發展長達10、20年，蝕刻製程需要用到的全氟碳化物（Perfluorocarbons, PFCs）暫時找不到適用的替代品，為即時呈現碳排數據，華邦電2022年已完成針對工廠碳排進行自動化數據收集與管理設置，2023年再完成第二階段，進行各種產品的碳足跡組合計算，並透過產品碳足跡的查證，確保「碳排資訊平台」的可靠度。

「碳排資訊平台」是由華邦電攜手台灣微軟與台灣碩軟軟體顧問團隊打造而成，建立自動化碳排數據的整合能力，以提供更透明的數據做為管理者參考。但「碳排資訊平台」是計算平台，華邦電仍要自建資料庫再進一步結合碳會計系統，擬定減碳方向。

不過，目前國內系統不完整、資料老舊，也難自供應商取得相關係數資

🍃 **藍碳**

被海洋生物從大氣中吸收與儲存於生態系的碳；海洋裡的植物性「藍碳」包含海草、鹽沼中的草本植物、紅樹林及藻類。

料，華邦電永續辦公室主任蔡金峯說，希望國內有公正或權威單位統整國外系統，並每年檢討更新。

華邦電檢視主要的溫室氣體排放為蝕刻製程使用的含氟碳化物FCs（Fluorocarbons）與外購電力，占範疇一與範疇二溫室氣體排放量94%以上，因此，節能及使用再生能源電力、削減FCs排放皆是華邦電淨零碳排的主要策略。

省電即省錢　推節能買綠電

自主碳排減量成為華邦電的優先考量，繼2022年透過新技術導入智慧節能系統、以用量管理減少空調排氣、汰換節能元件和設備，2023年進一步擴大展開智慧空調、汰換節能馬達及冷卻裝置變頻改造等專案。

「省電馬上就可以省錢」，總經理陳沛銘說，華邦電一年節電3%，估計可以省下數百萬元。投資更新馬達，可以省電，花的錢5年、10年就可以回收。

華邦電總經理陳沛銘（左）及永續辦公室主任蔡金峯（右）在竹北辦公室受訪。（張建中攝影）

華邦電過去3年將節電目標提高至3%，高於台灣半導體產業協會（TSIA）半導體業的2.5%，原因是有客戶開始要求用綠電生產。經調查，約有10%至20%的客戶要求2025年要用綠電生產，陳沛銘說，華邦電要有10%以上的電是綠電，才能滿足客戶需求。

值得注意的是，為落實在地綠電生產，客戶強調不能以中國或其他地區的綠電來抵。而且不是只有華邦電會遇到在地綠電生產的挑戰，美系大廠客戶供應商都會面

臨同樣的挑戰，只能各自努力。

綠電需求節節攀升，華邦電中科廠預計2030年要9成用綠電，廠區能裝的地方都裝了太陽能，卻僅能供應中科廠用電的1%。華邦電不得不雙管齊下，2022年5月斥資新台幣5.55億元取得嘉和綠能15%股權，參與太陽光電案場開發，2023年9月陸域型風力發電正式轉供，完成首宗綠電採購。

率先加入新加坡CIX　首購藍碳項目

至於2022年11月在CIX購買的藍碳權，是用以抵銷家庭日活動產生的碳排。陳沛銘指出，華邦電購買的藍碳權「有完整的履歷，確實清楚其憑證來自哪裡，何時產生」。

華邦電是台灣前三家加入CIX的企業，首宗交易為以每噸27.8美元購入1,000公噸來自巴基斯坦紅樹林保育專案的藍碳權，面積超過35萬公頃，涵蓋數種瀕臨滅絕物種的棲息地，為該地區生物多樣性帶來可觀的氣候變遷適應效益。當地4.2萬居民亦受惠於專案衍生的多項共益性，包括提供超過2.1萬個全職職缺、乾淨的飲用水源、保育專業教育訓練、公共衛生及性別平權倡導等。

至於為何選擇CIX進行碳交易？蔡金峯表示，新加坡在碳金融生態體系及交易法規的建立上，較亞洲其他國家進展快，此外，CIX平台率先接軌國際標準，跟「碳驗證標準」（Verified Carbon Standard, VCS）合作上架各種經國際減碳標準驗證後的自然氣候解決方案，企業可有效率地挑選優質碳權項目，並透過其可靠驗證機制降低詐騙或虛偽交易。

陳沛銘說，華邦電用買來的碳權來中和家庭日活動所產生碳排對環境的影響，「像是花一筆錢給巴基斯坦種水筆仔的人」。蔡金峯則表示，這充分展現公司的心態，因為舉辦家庭日活動，製造了額外的碳排，公司有責任和義務降低碳排，讓全體員工與家屬知道減碳的重要性。

臺灣碳權交易所上線後，華邦電表示，國內企業多增加一個取得國際碳權的管道，選擇彈性變大。此外，碳交所上架的國內外減量額度（碳

華邦電2022年家庭日活動，首度以自新加坡CIX買進的藍碳權抵用家庭日產生的碳排。
（華邦電提供）

權）未來除了有機會用於抵減國內碳費，也可以因應市場供應鏈達成碳中和要求。

2023年12月，華邦電在碳交所採購來自亞洲、非洲等6國的自願性減量額度專案，內容包含潔淨水源、太陽能發電及風力發電等。

追求零碳是終極目標，即便目前尋找全氟碳化物替代品是半導體業一大難題，計算碳排也面臨係數資料庫不一致問題，華邦電仍將戮力持續朝2050年淨零排放的目標邁進。●

瞄準碳競爭力
台泥減碳淨零的改革路

文 蔡素蓉

中央社資訊中心
主任編輯，歷任黨
政、財經記者及商
情新聞中心副主
任、大陸新聞中心
主任

「古老灰色的岩石與旋窯，在和平沉思中，如此永恆和瀟灑。看著閃爍的星星和月亮的晦朔，在這山脈接觸大海的地方，大自然中，岸邊的綠草和鮮花，在這個簡單清新的空氣中。」這是台灣水泥公司董事長張安平對自家和平水泥廠景致的形容。

減碳捕碳技術先驅　循環經濟成果亮眼

台泥和平水泥廠的另一個名字為台泥DAKA（太魯閣族語「DAKA」意即「瞭望」）開放生態循環工廠。2020年起打開大門，開放民眾參觀「和平生態港」、「和平電廠」及「和平水泥廠」，是亞洲首創「港電廠三合一」的循環經濟園區，煙囪彩繪著美麗圖騰、圓頂建築物遠望如同穹蒼，展現出一種清新明亮、接軌淨零國際潮流的姿態，完全顛覆以往大眾對水泥業滿布煙塵、高汙染的傳統刻板印象，近年來也成為蘇花公路遊客的熱門打卡景點，更是許多追求低碳轉型企業的朝聖地。

為達成這一步，台泥準備與努力了20年之久。「2024年元旦起，碳議題正式進入『現在式』，碳將成為產業競爭力的關鍵。」張安平這樣說。

「每生產1噸水泥，約會排放750至900公斤的二氧化碳。二氧化碳對於水泥產業而言，是『必然之惡』。」台泥資深副總經理呂克甫侃侃而談台泥對減碳的前瞻布局，「我們很早就注意到這件事，打從1996年和平廠建廠時，所採用的相關設備、工法等均是對環境衝擊較小，或碳排量較

位於台泥和平水泥廠中的「鈣迴路二氧化碳捕獲試驗廠」。（台泥提供）

少的，例如和平廠礦山建有全亞洲最高長度『豎井運輸工法』的石灰石豎井，從礦山開採、生產、運輸及能耗，都是最節能、減碳的生產流程。」

2000年，台泥和平廠投產時先從生產設備與生產工具的減碳做起。2011年，台泥參與由經濟部能源局所主導的CCS（Carbon capture and storage, 碳捕獲與封存[1]）研發聯盟，無償提供土地，協助建設，攜手工業技術研究院推動「鈣迴路碳捕獲先導型系統技術合作研究」及「碳捕獲與利用技術驗證與放大技術研發」，利用石灰（即氧化鈣，CaO）吸附工廠排放的二氧化碳（CO_2）廢氣，形成石灰石（即碳酸鈣，$CaCO_3$）；再以煅燒爐高溫分解碳酸鈣，成為氧化鈣與高純度二氧化碳；分離出來的氧化鈣，可放回源頭捕捉二氧化碳。待氧化鈣失去活性後，可作為水泥廠原料。

1　或稱碳捕捉與封存。

台泥前瞻布局碳捕捉技術，打造出亞洲最大規模「鈣迴路二氧化碳捕獲實驗場」，如今是DAKA循環經濟園區的亮點之一。

台泥減碳前進的步伐從未有一刻停歇，2011年台泥曾與工業技術研究院合作「養藻捕碳」打造全球規模最大的鈣迴路捕獲試驗廠。呂克甫進一步說明，「台泥13年來投資新台幣近3億元，持續進行試驗碳捕捉技術，如今攜手國外業者共同開發第三代製程與技術，不是捕捉工廠所排放的二氧化碳，而是水泥廠煅燒過程加入純氧，於製程中就開始捕捉二氧化碳，所捕捉二氧化碳的純度可從20%提高至70%以上，同時也大大降低了捕捉過程所需能源。」

他表示，這項碳捕捉技術獨步全台，在國際上可說位列前沿。目前規劃第三代試驗廠於2026年建成，目標是台泥在2030年掌握核心技術，每年捕捉10萬公噸、水泥廠製程中5%的二氧化碳。

台泥CCS試驗工場2013年捕碳量355噸／年，2019年提高至3,000噸／年。

台泥以捕捉到高純度二氧化碳，作為養殖「雨生紅球藻」，行光合作用之碳源，1公斤的雨生紅球藻約可吸收1.83公斤旳二氧化碳，這被稱為微藻固碳技術。台泥也培育較高經濟附加價值的「蝦紅素紅藻」，萃取蝦紅素，進一步研發美妝、保健原料。

率先推動碳盤查　首張水泥業碳標籤

台泥一路以來的減碳路愈走愈人煙罕至，得披荊斬棘開創出沒有人走過的路。

為規劃更有效減碳策略，台泥蘇澳廠、和平廠分別於2000年、2002年為取得先期減量即已進行整廠溫室氣體盤查。然而，至2019年時水泥及混凝土產品在台灣仍未有適用產品碳標籤申請辦法。所以，台泥持續與行政院環境保護署（今環境部）溝通，希望為水泥建立產品類別規則（Product Category Rules, PCR）。

台泥董事長張安平曾指出，低碳絕對是國際化市場，
不懂得碳的公司未來無法生存。（台泥提供）

「為了推動取得水泥產品碳標籤，必須進行產品碳足跡認證，我們當時提供許多數據與報告給經濟部標準檢驗局、工業局、與環保署，讓政府部門了解到水泥產業高碳排特色，非常需要推動減碳；尤其是訂定像歐盟、美國一樣的低碳水泥標準。同時還要召開PCR會議，邀請利害關係者、上下游行業相關業者與會，開會通過產品碳足跡的認證準則。」呂克甫娓娓道來，「當初我們率先推動水泥的產品碳足跡查證以取得產品碳標籤時，張（安平）董事長只問了一句其他水泥公司都做得來嗎？我們分析報告說其他公司都應有能力做時，董事長就叫我們全力推動了。因為，張董希望推動的減碳變革，不只是為台泥在做，而是引領全水泥行業一起共同合作進行，那是一個全球的世界觀。」

他說，當時2020年6月代表發起「卜特蘭I型水泥」產品碳足跡的台泥在水泥公會主持PCR規則訂定會議時，其他公司確實有所質疑與擔心這只是為台泥，但他強調這是通過的規則，不但是讓其他公司也有一致標準可依循外，更重要的是，預期這查證數據出來後將可以充分顯示我國因為沒有低碳水泥產品的國家標準，導致水泥高碳排；後來標檢局也積極評估建議與參考這些數據，在2022年修訂出相較減碳達6%至15%的「卜特蘭石灰石水泥」與「混合水泥」等低碳水泥標準。

台泥於2020年8月申請到台灣第一張水泥產品「碳標籤」。隔年再接再厲，申請到台灣第一張水泥產品「減碳標籤」。「台泥於2021年3月執行產品碳足跡查證，較2020年減碳3%，所以不到一年即申請取得『減碳標

籤』。」呂克甫一邊說，一邊指著在台泥大樓一樓所展出的水泥袋上一個小小符號，「這有個向下的箭頭，就是減碳標籤。」

東亞首家參與SBTi減碳倡議的水泥業

不只推動產品碳足跡，台泥2019年12月主動承諾參與科學基礎減量目標倡議（SBTi）所推動的國際減碳倡議，截至2024年4月11日，全球有5,138家企業加入，台泥是唯一大型傳統製造業，也是東亞及台灣第一家參與減碳倡議行動的水泥業者。

談起這段歷史，呂克甫回憶，「張董深知水泥業碳排嚴重，為了給自身公司壓力，提出參與倡儀，承諾減碳的目標。」SBTi的要求是承諾後24個月內要提出目標設定，而台泥是在5個月內即提出目標設定且因提報的減碳方案明確，在4個月內即獲SBTi確認完成目標設定。台泥的科學基礎減碳目標為：以2016年為基準年，承諾到目標年2025年，台泥將範疇一（燃料）的溫室氣體排放強度減少11%，同時承諾在同一時期內將範疇二（電力）的溫室氣體排放強度減少32%。

台泥資深副總經理呂克甫展示台泥產品的減碳標籤。（趙世勳攝影）

2023年10月18日，台泥參展台灣國際智慧能源週，展出儲能櫃EnergyArk。圖為台泥董事長張安平（左2）、資深副總經理呂克甫（右2）與經營團隊在儲能櫃前合照。（賴言曦攝影）

減碳沒有回頭路，台泥除了為執行達到SBTi的減碳目標，在2021年至2023年共投資近180億的資本支出進行設備優化與改造外，配合地球溫升控制由2℃降至1.5℃的目標，將再提出下個階段的自願性減碳承諾與目標，希望2030年的溫室氣體排放強度可以較2016年減省27%。為達到這個目標，張安平2023年11月底指出，低碳絕對是國際化市場，不懂得碳的公司，未來是無法生存的，台泥將以266億元擴大投資土耳其第一家宣布淨零承諾的水泥公司OYAK及葡萄牙Cimpor水泥，成為全球少數能提供最低碳水泥的主要供應商之一，具備高度碳競爭力。

台泥董事長張安平為台泥企業的新創字，讀音同「妥」，代表妥善循環之意。（蔡素蓉攝影）

台泥引領革新華麗轉身　擁抱淨零風潮

2023年12月27日，位於台北市中山北路、燈光溫暖明亮的台泥大樓一樓舉行「NET ZERO 台泥低碳建材創新發表」展覽，展出台泥2023年10月推出多款全新「Total Climate」系列低碳水泥產品，包括標榜較2016年減碳15.4%卜特蘭石灰石水泥、強調50%綠色配比產製的卜特蘭石灰石水泥混凝土。

現場還展出一款台泥專利防火滅火UHPC Energy Ark儲能櫃，標榜可為純淨綠能打造安全的家。呂克甫說，「資源循環、綠色能源及低碳水泥如今是台泥三大事業主軸。所以張董把水火土3個字，組成新創一個字，讀音為『妥』，象徵水創生命、火生文明、土造社會，三大元素不停地流動，萬物生生不息，妥善循環之意。」

這個字也具體而微彰顯台泥不僅脫下重汙染工業的外衣，率先減碳改革，也以苟日新、日日新的精神，迎難而上，以具體減碳作為，擁抱全球淨零風潮。●

減碳路上帶著問號摸索前行
歐萊德擁千萬碳權

文 林孟汝

中央社資訊中心
副主任，歷任商情
新聞中心、政經新
聞中心財經記者、
組長

「不是因為我們很聰明才做這件事情，而是我們有很堅定的目標，碳盤查怎麼做？碳權跟誰買？如何做碳中和？一開始的時候真的是滿臉問號。」歐萊德董事長葛望平受訪時眼神發亮，說話又急又快，他多次加重語氣強調GEP時代（Gross Ecosystem Product，生態系統生產總值）來了，政府和企業要「勇敢」把握轉型的機會。

從專業美髮沙龍起家的歐萊德成立於2002年，2006年受前一年生效的《京都議定書》[1]及父母接連去世影響，葛望平確認品牌要轉向綠色、永續、創新的發展方向；2009年開始碳足跡盤查，10年後成為全球第一家達到碳中和的美妝企業，也是全球率先加入RE100的中小企業之一。

歐萊德目前手上握有5年的「碳存簿」，最便宜的1噸二氧化碳當量（CO_2e）才1美元，平均約10美元，碳權資產至今累積約新台幣上千萬元，並經會計師簽證通過列舉在財報的無形資產項下，外界好奇，一家年收入約6億元、270多位員工的公司，究竟怎麼做到的？

碳足跡盤查耗時費力　綠臂章展現決心氣勢

時間回到2009年12月，行政院環境保護署（今環境部）發布碳標籤圖

1　《京都議定書》(Kyoto Protocol)：1997年聯合國氣候變化綱要公約締約方第3次會議(COP3)制定，2005年正式生效。議定書中明訂溫室氣體減量目標，已開發國家須在2008年至2012年期間，較1990年平均減排5%。

示，台灣成為全世界第11個推動碳標籤的國家，歐萊德是第一批配合碳足跡盤查、也是首批獲得碳足跡標籤的企業之一。

企業最頭痛的「碳足跡盤查」是一條漫長的路，當時決定盤查最大的難關，是放眼全世界都找不到洗髮精專用的碳足跡「產品類別規則」（Product Category Rules, PCR），等於要從「零」開始，還是初生之犢的歐萊德大膽邀集化妝品同業公會與幾家洗髮精大品牌一起討論，訂下符合國際標準的科學方法盤查。

企業營運牽涉的範圍相當廣泛，葛望平花了好幾個月時間和上下游供應鏈溝通，從原料到紙箱，一一盤查產品生命週期（原料取得、製造生產、運輸銷售、消費者使用、廢棄回收）的碳排放「熱點」，有供應商參加工作會議時表示，碳盤查連貨運車一天出幾輛車、跑幾趟、每月加油幾次、開幾公里等都要計算，承辦人員耗時費力抱怨連連，廠商因此想喊退堂鼓，要求歐萊德另找供應商。

歐萊德董事長葛望平侃侃而談品牌轉向綠色、永續、創新的發展經過。（鄭清元攝影）

歐萊德永續長謝修銘描述，當時董事長帶頭一個一個去跟廠商溝通，說明「為什麼減碳這件事對企業競爭力、生存力很重要？」而為展現歐萊德減碳的決心與革命氣勢，有整整兩年，員工上班期間衣袖上都會配戴綠臂章；連2010年葛望平上台領取碳足跡標籤時，手臂都還是戴著綠臂章。

採用100%再生塑膠瓶　成本翻倍貴

　　但碳盤查只是減碳的第一步，透過揭露每項商品的碳排量數據，才能體現企業在減少碳排投注的努力。葛望平在盤查中發現，洗髮精在消費使用時碳排最高，達91.23%。他說，傳統洗髮精大都在強調洗淨、香味、頭髮閃閃發亮等配方，卻沒有想到「好沖洗」其實可以縮短洗髮時間，減少熱水的使用，碳排放就會差很多。

　　除了改良配方，歐萊德也在包裝減少耗碳量，希望改變「用完就丟」的經濟模式。葛望平認為「從生活消費用品裡面回收再製，才是真正的循環」。2017年起，歐萊德洗沐用品的瓶器都改為100%消費後回收（PCR）塑料材質，減碳效益為使用新生塑料的4倍以上。

歐萊德的洗髮精使用100%再生塑膠瓶（PCR）包裝。（鄭清元攝影）

歐萊德使用的再生塑膠壓頭可減少67%碳排；瓶身可減少80%碳排。（鄭清元攝影）

「成本不是貴多少％，而是貴幾倍了。」葛望平坦言，剛開始包材從塑膠改成再生的PCR材質，是失敗的，因為沒有供應鏈；後來找上環保回收業者合作，又因為回收分類不夠清楚吃了很多苦頭，光是洗瓶階段就要增加好幾道工序，且由於縮水率改變，所有模具都要重新開模，製程也比原來複雜，還要被政府收兩次回收基金，費用比購買碳權高很多。

「我們其實失敗兩年多，第三年才成功的。不過，它減碳量非常好。」因為重新開模改了包裝，光是包材就有減碳80%的效果。

另一個問題是歐萊德的企業規模不大，要為歐萊德另開生產線，有些供應商興趣缺缺。永續長謝修銘表示，在與供應商合作的過程中，有時會採取「試行」的方式，如歐萊德商標對印刷的要求是採用環保油墨，廠商必須清理整個機台的管線才能印製，之後若換油墨又要重新來過，對廠商工作流程確實造成困擾。

但是如果先從一條產線開始合作，在測試中得到一些know-how，等實際效果出來，加上其他大廠跟進，廠商就可能擴增成好幾條產線，有些現在甚至變成供應商營運的主力，還因此接到很多國際訂單。

他舉例，與歐萊德合作再生塑膠瓶的大豐環保科技，如今已躍升為台灣非常重要的PCR塑料關鍵廠商，是全台第一家獲得藍天使EuCertPlast認證[2]的再生料供應商，更是外銷歐美市場規模最大的再生料品牌，並與國內大廠合力打造MIT聚酯紡織品生態系循環圈。

既然再生瓶這麼難生產，為何不比照國外部分超市，讓民眾自備容器重複填充洗沐用品或做補充包呢？

謝修銘解釋，補充包的包裝還是廢棄物，並不利減碳，而《化妝品衛生安全管理法》只准非人體使用的清潔劑，可持容器重複充填；洗髮精、沐浴乳等洗沐用品都屬化妝品，充填須符合GMP作業規範，不得私自分

2　EuCertPlast 驗證：歐洲塑膠回收協會（EuPR）和歐洲塑膠再生與回收組織（EPRO）發起的塑膠回收認證標準。

裝。當時立法的精神是擔心受汙染,對健康有潛在風險,因此遲遲沒有一個很有效的解決方案。

他指著歐萊德龍潭總部總部一台葛望平從北極格陵蘭背回來的「Made in Taiwan」的廢棄電視機說,地球正面臨大量難以消化的廢棄物危害,循環經濟利人利已,但法規與時俱進的修訂速度是最大挑戰。

搶先布局碳權市場　企業生存力關鍵

歐萊德窮盡一切努力降低自身的碳排,為了幫消費者抵銷91.23%的碳排放,歐萊德開始布局碳權市場,成為台灣最早購買碳權的企業,超越蘋果、微軟等國際大廠的2030零碳目標。

因碳權並非有形的商品,其所有權僅能倚靠政府或相關機構核發的註冊證明做為佐證,國內外碳詐騙案例時有所聞,也讓躍躍欲試的中小企業陷入碳焦慮。

歐萊德環境教育館懸掛的巨大地球,標示著北極熊腳下冰原快速消融。(鄭清元攝影)

碳匯

儲存二氧化碳的天然或人工「倉庫」，例如樹木會吸收空氣中的二氧化碳行光合作用，具有固碳效果，也就是將碳固定在木材中，透過造林專案增加的碳匯量，可申請作為碳權使用。

葛望平分享自己的經驗說，歐萊德自2010年開始，買過行政院環境保護署（今環境部）自願減量專案、聯合國清潔發展機制（CDM）、獨立機構碳驗證標準（Verified Carbon Standard, VCS）3種不同類型的碳權，作產品碳中和；現在歐萊德全產品都達到碳中和，一年為碳中和所需購買碳權的費用大約是新台幣百萬元。

他表示，歐萊德傾向購買工業減排的水力、風電、太陽能發電等碳權，自然碳匯目前的不確定性風險比較大，因此會盡量避免；至於會不會購買臺灣碳權交易所上架的碳權？葛望平坦承，「它的品質我們還待觀察」，期望政府盡快制定總量管制，讓排放二氧化碳的汙染者，付出相應的代價。

葛望平強調，碳權並不是投機工具，而是用來鼓勵企業淨零轉型的正面誘因，他舉例，台北市內湖塞車問題難解，如果以「使用者付費」的概念，規定在交通尖峰時段開車去內湖的人要付出碳費或碳稅，給同時段改搭捷運和騎YouBike去內湖的人，等同多排放二氧化碳的人要付費給減排的人。

葛望平進一步以特斯拉（Tesla）與日本豐田（TOYOTA）為例指出，特斯拉創辦人馬斯克（Elon Musk）專注製造電動車，善用「碳權交易」收入，度過前端高成本的綠色投資期，成為電動車（EV）銷售量增長最快速的車廠；相較之下，日本豐田堅信原本經營模式，持續製造汽油車，導致轉型過慢，如今正面臨企業存亡之戰。

他語重心長地說，氣候危機正牽動著全球政府決策及供應鏈命脈，實現淨零排放迫在眉睫，減碳不再只是責任，更是企業未來競爭力與生存力的關鍵。●

豬糞尿變碳權
漢寶牧場兼顧永續及競爭力

文 林孟汝

中央社資訊中心
副主任，歷任商情
新聞中心、政經新
聞中心財經記者、
組長

彰化縣有584座養豬場，規模僅次於屏東、雲林，是全國第三養豬大縣，截至2023年底有11座投入沼氣發電，其中又以漢寶畜牧場最具代表性。而漢寶畜牧場2020年3月通過行政院環境保護署（今環境部）認證，成為全台第一家擁有抵換專案碳權的畜牧業者，預計7年專案共可取得19萬2,787公噸二氧化碳當量（CO_2e）減量額度（碳權），兼顧永續經營及競爭力。

漢寶畜牧場董事長特助陳彥名2015年回台後，投入牧場綠能轉型。（徐肇昌攝影）

時間回至1974年，原經營紡織業的漢寶畜牧場創辦人陳修雄因緣際會下踏入畜牧業，剛開始只有400頭豬，之後不斷擴增至4.2萬頭豬，目前已經是彰化最大養豬場。但也因為外界對養豬場有髒亂、惡臭、汙染等刻板印象，年輕人不願投入，資深員工的現場經驗無法傳承，陳修雄、陳彥名父子苦思轉型之道。

如今漢寶畜牧場逾6成的豬舍屋頂鋪滿太陽能板，廢水處理廠上方有用來收集沼氣的紅褐色氣球，牧場後方則有有機堆肥廠卡車來來往往，遠處迎風而立的風機，加上向來有「水鳥天堂」美譽的漢寶溼地內爬來爬去的網紋蟹、招潮蟹及覓食的高蹺鴴、黑翅鳶等候鳥，綠色新文化已成為漢寶村的風景。董事長特助陳彥名得意地說，「連來調查生態的環保團體、學者都覺得意外。」

領先同業投入綠能產業　廢水變肥水

生態環境變好，來自於導入農業循環經濟的概念，將資源利用效益最大化。漢寶畜牧場是台灣最早期投入沼氣發電的養豬業者之一，「這本來不在計畫之內」，陳彥名說，牧場地處彰化靠海的芳苑，冬天風大又冷，仔豬過冬需要保暖，為此開始布局沼氣發電。

後來牧場養豬頭數增加，一年要花新台幣3億多元的飼料費，但估算有30%變成排洩物，這些可以再利用的糞尿水，如果沒有好好處理就會引發抗議，因此漢寶畜牧場不斷改良SOP，收集後先經由下水道送到固液分離機分離，固體部分送到有機肥料廠堆肥，液體則收集到廢水處理廠，經過厭氧發酵產生沼氣，脫硫後再到發電系統，產生電賣給台電，真的把廢水變「肥水」。

漢寶畜牧場2022年產生的382萬度綠電，可增加收入約千萬元，但其中大部分收益來自太陽能，沼氣發電收益僅占3成，原因為沼氣發電初期投入成本高，漢寶畜牧場近10年間耗資上億元打造廢水處理、沼氣發電系統，光在發電機及其他周邊設備就投入了近6,000萬元的資金，但回收期可能要6至7年，這也導致國內逾9成的小規模養豬場對投入沼氣發電興趣缺缺。

漢寶牧場內的沼氣發電系統，透過手機即可監看儀表數值。（徐肇昌攝影）

　　不過，對曾在加拿大求學的陳彥名來說，「沼氣發電有環境效益，它的意義重大。」他自豪地說，漢寶畜牧場每年有3.2萬噸碳減排量，其中最大的一部分來自沼氣中的甲烷，甲烷的全球暖化潛勢（GWP）是二氧化碳的28倍，而回收後發電是取代化石燃料的乾淨能源，因此在漢寶等畜牧場與其他綠能業者助攻下，台電2022年電力排碳係數為0.495，為2005年、有統計以來最低，也是首次降到0.5以下。

　　同時，廢水回收再利用會產生沼渣、沼液，漢寶和工業技術研究院合作，把沼液經厭氧設備處理後，進入生物淨化池，作為植種基質，沼氣池中的植種汙泥[1]是一個生態系統，其中蘊含大量吃氨氮的微生物群落。這些微生物具有高效的氨氮代謝能力，除了能將有機物質有效地轉化為沼氣，亦同時能降低汙泥中的氨氮含量。將畜牧植種汙泥投入工業廢水，可幫助工業更有效地去除工業廢水的氨氮，降低廢水處理成本；2018年漢寶成立肥料工廠將豬糞製成有機肥料，農寶牌有機肥料是國內第一支有碳權

1　植種汙泥：有機廢水經厭氧／曝氣處理後，產生富含有機質及高濃度微生物的泥狀物質，可植種於工業廢水中，幫助提升廢水處理效能。

的肥料品牌，環境友善生產肥料的過程，耗氧發酵將碳固化在土壤中成為碳匯，同時高度發酵腐熟肥料可改善土壤團粒性質，幫助農民降低化肥使用、提高農作品質，在牧場內建置的循環經濟自此成為地方創生的一環。

農業碳權尖兵　作護國神山們的後盾

過去減碳都著重於工業、交通、建築、能源等領域，農業方法學相當有限，近年才開始逐步開發農業減碳方法學，漢寶帶頭示範，在國內外都有申請碳權的經驗。陳彥名認為，農業是最能夠幫地球降溫的產業，不僅不是排碳大戶，還能夠做很多碳權、碳匯，來協助其他出口的產業。他更期許同業可以一起投入綠能產業，「光是把沼氣收集起來，點把火燒掉，在為地球環境盡一份心力的同時也可以獲得碳權。」

但要申請碳權並不簡單，首先要依方法學設定基礎情境，收集數據並研擬自願減量專案計畫書，經查驗機構確證通過，再提交環境部審查；完成

俯瞰漢寶畜牧場，可看見廢水處理廠及收集沼氣的紅褐色氣球，豬舍屋頂鋪滿太陽能板。
（徐肇昌攝影）

第一步的註冊工作後，再依計畫書執行，並依實際監測結果計算減量績效、提出監測報告，且須經第三方查證，送交環境部確認合格了才是真正可以買賣的碳權，整個流程至少需要2年。註冊通過後可以申請2次展延，總計能擁有21年的碳權。

陳彥名建議，政府推動淨零排放政策，首要扶植台灣本土的認證機構，培養國內淨零人才使淨零能量充沛，否則國外查驗機構來台一趟，費用相當可觀，也曠日費時。而臺灣碳權交易所的買賣規則也應該更開放、更優先考慮本土的碳權，否則當台灣自產的碳權一毛不值時，民眾會連減碳註冊碳權的動力都沒有。

歐盟碳邊境調整機制（CBAM）將於2026年正式上路，減碳議題已成為全球產業無法迴避的課題，企業都在努力改善製程碳排、增加綠電比例，只不過在時間壓力及科技限制下，短時間很難達成淨零，購買碳權來抵銷剩餘的排放量成為解方之一。

目前漢寶牧場有包括太陽能、廢水處理、堆肥等4項碳權開發專案，預計2024年把部分碳權上架到碳交所。

陳彥名說，如果台灣的出口產業要依賴碳權作產品碳中和，成本壓力就會變高，也會影響到這些護國神山們的競爭力；但從長遠來看，如果國內自願減碳的碳權沒有辦法在碳交所賣到高價，就無法創造話題，讓其他有志減碳的企業知道「做這東西好像不錯喔」，一起來減碳，成為綠電與碳權的生力軍。陳彥名也樂意分享經驗給有意開發碳權的企業。

陳彥名另一個想法是，畜牧場減碳行動剛開始投資成本極高，如果有更多有意願的企業共同支持減碳計畫，企業也能共同享有環境效益及企業形象，而畜牧場也可以顧好本業及環保永續，達到雙贏。

落實「農業循環經濟」概念，漢寶畜牧場實現了環保、可營利的循環經濟模式，兼顧永續經營以及競爭力，也為台灣的養豬產業找到一片新藍海。●

永續小教室

如何達成碳中和

「碳中和」指的是選定一個標的物（**組織**或**產品**）後，執行：

量化　→　減量　→　抵換

執行「ISO14064 溫室氣體盤查」或「ISO 14067碳足跡盤查」，計算標的物造成的溫室氣體排放量（碳足跡）

節能、減碳、創能，透過最佳化減量措施，減少溫室氣體排放量（碳足跡）

購買「碳權」額度，抵銷減量之後的剩餘排放量→達成**「碳中和」**

資料來源：經濟部產業發展署產業節能減碳資訊網、英國標準協會（BSI）

自願減量專案執行流程

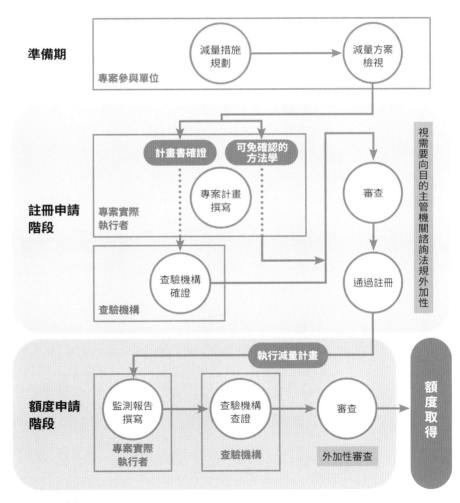

資料來源：環境部

民眾支持才是王道
中油CCUS磨劍十年路

文 蔡素蓉

中央社資訊中心
主任編輯，歷任黨
政、財經記者及商
情新聞中心副主
任、大陸新聞中心
主任

2023年12月21日，13°C的低溫，幾乎是入冬來最冷冽的一天。位於苗栗小山丘上的台灣中油公司探採研究所如同博覽會般人氣滾滾，一個個攤位擺滿探採研究所、煉製研究所及綠能科技研究所一年來的研究成果，有模型、有海報，也有產品，例如全台灣第一座加氫示範站模型、碳捕捉再利用與碳封存（Carbon Capture, Utilization and Storage；CCUS）示範互動模型、高效安全鋰離子電池材料研發與量產工場模型、生技產品等等，彷彿是場迎接淨零的轉型盛宴。

其中，「碳捕捉、再利用及碳封存互動展示模型」相當吸睛，當手隔空移動到碳捕捉、再利用及碳封存等各主題時，機台上的實體地貌模型就會亮起代表的燈號，並搭配光雕投影與多媒體動畫解說，等移動至碳封存階段，模型地層剖面圖會展示二氧化碳慢慢注入地底，讓人恍然大悟碳封存原來沒那麼可怕。

台灣中油董事長李順欽出席上述成果發表會時接受訪問時表示，「我們對CCU（碳捕捉與再利用）、CCS（碳封存）這兩個領域著墨非常非常地深。」

邁向碳中和的關鍵技術　碳捕捉及碳封存

事實上，CCUS這把負碳技術的劍，台灣中油已磨了十幾年。

碳捕捉與碳封存技術是台灣在邁向碳中和的最後一哩路上，不可或缺的

CCUS是什麼

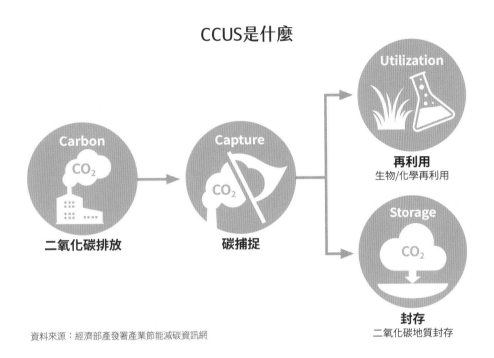

資料來源：經濟部產發署產業節能減碳資訊網

方式。除了將二氧化碳作為工業上的製程原料，學者們也討論如何儲存於「大自然」中。李順欽認為，中油具有鑽探單位，CCS的技術不是問題，高成本、民眾溝通及政府法規完善才是挑戰，如中油曾在苗栗永和山試辦CCS，但因法規未臻完備，加上居民抗爭，計畫因而延宕。

回顧前塵，2010年12月，台灣中油挾著數十年探勘油氣田實務及地下儲氣窖營運實力，參與由經濟部能源局所主導的CCS研發聯盟與發展碳封存技術。

2011年，中油選定苗栗縣永和山舊氣田，以注氣增產（EGR）技術進行碳封存先導試驗，規劃透過既有天然氣井將二氧化碳灌注至地下3,000至4,000公尺天然氣層，該地層已證實可有效儲存天然氣而不洩漏，注入二氧化碳可安全且永久封存。

該試驗計畫已完成場址篩選評估、封存潛能評估、現地注氣作業、環境背景與微震監測等，並驗證以注氣增產進行碳封存技術之可行性。然而，

在民眾疑慮抗議下，永和山計畫在完成階段性測試後戛然而止，計畫無疾而終，也導致台灣碳封存技術推動蹉跎10年。

地球暖化問題已刻不容緩，台灣中油深刻意識到「民眾不了解什麼是碳封存而導致害怕的人性」，即使碳封存計畫暫停，中油與政府仍持續推動地質封存公眾溝通焦點團體諮詢會議、公眾溝通策略論壇、永續地質環境研習、永和山當地居民座談會及永和山二氧化碳封存教育活動等，希望讓更多民眾了解碳封存技術發展之意義性與重要性。

2022年4月22日世界地球日，蔡英文總統宣示，政府將會在「科技研發」和「氣候法制」兩大基礎上，推動能源、產業、生活、社會等四大轉型，加速淨零排放發展進程，與民間共同努力，朝「2050淨零排放」目標大步前進。

為了完成2050淨零排放，中油和台電啟動「碳捕捉與封存」跨部會試驗計畫，中油從2025年開始，預計以苗栗鐵砧山舊氣田作為首個封存試驗場，長期則瞄準台西盆地外海，而台電則計劃在台中火力電廠進行。依國家發展委員會公布，2030年CCUS預估減碳目標176萬噸至460萬噸；

台灣中油CCUS展廳有碳捕捉互動遊戲，寓教於樂。（鄭清元攝影）

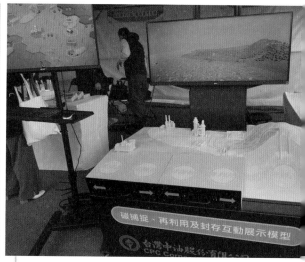

台灣中油的碳捕捉、再利用及碳封存互動展示模型。（蔡素蓉攝影）

台灣中油董事長李順欽2023年12月21日受訪時暢談中油轉型三大策略。（鄭清元攝影）

2050年樂觀減碳效益估每年4,020萬噸。

其中，鐵砧山碳捕存跨部會試驗計畫已於2023年通過環評變更內容對照表審查，規劃苗栗鐵砧山完成地面灌注設施工程後，可開始為期3年，共30萬噸的二氧化碳封存量。

重啟碳封存計畫　CCUS展廳公眾宣導先行

時隔12年，再度重啟碳封存計畫。這一次，計畫還沒有推動，台灣中油率先啟動民眾溝通與教育宣導。

台灣中油探採研究所設計出一套獨一無二的移動式模型，搭載實體地貌與顯示器，民眾可依碳來源、碳捕捉、碳運輸、碳再利用及碳封存等主題進行互動。2023年在全台灣各地陸續舉辦以淨零為主題的展覽，都可以看得到這台CCUS模型，連經濟部長王美花都大為讚賞怎麼能把CCUS如此複雜觀念，以這種肉眼可見的方式說明清楚。

不僅如此，台灣中油還耗時一年餘時間，把位於苗栗探採研究所的獨棟兩層樓「探採科技展示館」的其中一樓部分改裝為「碳所視界（HORIZONS CARBON）—台灣中油探採研究所碳封存展廳」，以沉浸式地質模型、互動遊戲、3D及擴增實境（Augmented Reality，AR）等寓教於樂的多元方式，說明碳捕捉、碳運輸、碳利用、碳封存及碳監測原理。碳封存展廳預定最快2024年第二季可望揭幕啟用，並對公眾開放，讓民眾能對CCUS有所了解，進行科普教育。

另一方面，台灣中油啟動初步的社會溝通相關活動，主要針對鐵砧山地區鄰近居民的溝通訪談。中油表示，居民最關心的，是二氧化碳灌注後產生的安全性問題，也期望中油除配合國家政策推動碳封存工作外，應對鄉里間投入更多的實質回饋及活絡當地經濟。

這一條走了十幾年的CCUS磨劍路，中油理解爭取民眾的支持才是王道。

大林廠碳捕捉再製成甲醇　目標低碳產業鏈願景

除了以擅長的探採技術驗證執行碳封存技術外，台灣中油挾著研究能量，技轉碳捕捉與再利用技術，以試驗工場進行驗證。「我們目前在大林煉油廠測試，把二氧化碳捕捉下來後，再利用變成高附加價值的化學品。」李順欽說。

台灣中油2022年開始於大林煉油廠內建置「二氧化碳捕捉與轉化甲醇」試驗設施，這源自經濟部技術處及工業技術研究院所開發的科技專案計畫技術，結合「二氧化碳捕捉」和「轉化再利用」二大系統。

「二氧化碳捕捉與轉化甲醇」試驗設施為低耗能創新製程技術，再生能耗低（≤ 3.0 GJ/ton CO_2），利用化學吸收法，以胺液吸收劑捕捉煉油廠工場製程尾氣中的二氧化碳，並結合高效能二氧化碳轉化甲醇觸媒及製程技術，將二氧化碳轉變為低碳足跡甲醇，後續甲醇將可作為乙烯、丙烯或醋酸等重要化學品之原料。

這項試驗設施分別於2022年底及2023年底完成第一期捕捉系統及第二

中油CCUS展廳著重科普教育。（鄭清元攝影）

期轉化系統建置任務，緊接著啟動技術驗證、觸媒開發及製程最適化等研究，執行每年捕捉6公噸的二氧化碳，以轉化生產1公噸甲醇之試驗測試。

試驗設施重點在於累積實場技術經驗，以及進行後續二氧化碳氫化觸媒研究製程開發，以作為台灣中油2030年規劃建置每年捕捉百萬噸級二氧化碳工場之製程技術支援。

2023年底在阿拉伯聯合大公國杜拜登場的聯合國氣候變化綱要公約第28次締約方會議（COP28），首度達成「轉型脫離化石燃料」（Transitioning away from fossil fuels in energy systems）的歷史決議。這讓台灣中油更加快轉型腳步，未來若大林廠「二氧化碳捕捉與轉化甲醇」試驗設施成功，並進一步試量產、商業化量產後，就更接近「二氧化碳取代石油料源，讓國內石化產業建立起低碳的塑料產業鏈」的宏偉藍圖。●

中研院、台電去碳燃氫技術力拚低碳發電

文 吳欣紜
中央社綜合新聞
中心記者,歷任環
境、勞動記者

曾智怡
中央社政經新聞
中心記者,主跑零
售百貨、離岸風
電、中油、台電等
國營事業

台灣2050年要落實淨零碳排目標,科技研發是淨零轉型關鍵。2023年11月14日,中央研究院與台灣電力公司共同召開記者會,宣布中研院去碳燃氫技術首度成功串接65瓩(kW)的小型商用發電機組,趕上德國、美國、澳洲等國,為台灣寫下低碳發電的新頁。

回憶這項技術的開發過程,中研院院長廖俊智語帶堅定地說,「做這件事就像打籃球、踢足球,必須大家一起助攻讓每一球都得分。」

為什麼零碳電力這麼重要?或許可以從碳排資料略窺一二。

台灣的年用電量屢創新高,不管是房間照明用的電燈,或工作用的電腦、手機及工廠運作的機器等,生活中有許多設備都仰賴電力才能穩定運作,但台電每發1度電產生的碳排放接近500克,國內企業主要使用台電生產的電力,因此所有企業產品的含碳量非常高,如何透過改善發電技術減少碳排放至關重要。

實現零碳電力願景　中研院啟動「去碳燃氫Alpha計畫」

看到零碳發電的需求,中研院2021年在廖俊智的主導下啟動「去碳燃氫Alpha計畫」,目標是從實驗室的研究做到應用端,加速完成「去碳燃氫」技術的垂直整合。談到計畫緣起及過程,廖俊智賣關子笑說,「我做相關研究其實已經50年。」

去碳燃氫是什麼

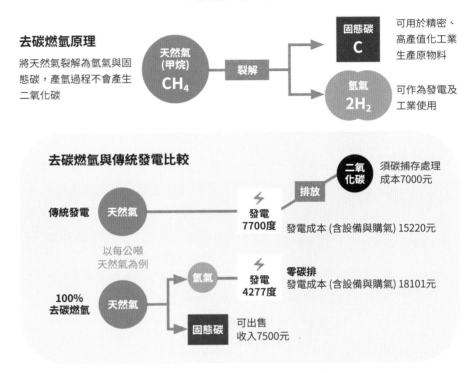

去碳燃氫原理

將天然氣裂解為氫氣與固態碳，產氫過程不會產生二氧化碳

天然氣(甲烷)CH_4 → 裂解 →

固態碳 C — 可用於精密、高產值化工業生產原物料

氫氣 $2H_2$ — 可作為發電及工業使用

去碳燃氫與傳統發電比較

傳統發電 | 天然氣 — 發電7700度 — 排放 → 二氧化碳 — 須碳捕存處理成本7000元

發電成本(含設備與購氣) 15220元

以每公噸天然氣為例

100%去碳燃氫 | 天然氣 → 氫氣 → 發電4277度 — 零碳排 發電成本(含設備與購氣) 18101元

→ 固態碳 — 可出售收入7500元

資料來源：台電、中研院

　　時間倒轉到廖俊智就讀台北市立建國中學時期，因研究分子如何在高電場被分解而獲得第二屆科學才能青年獎。他坦言，當時只是對這個現象很有興趣，但隨著學界陸續有相關論文出現，也誘使他開始思考，也許這能幫助台灣邁向淨零減碳目標。

　　後來，廖俊智看到去碳燃氫技術並著手理論計算，發現裂解天然氣門檻雖然高，但所需投入能量比電解水低許多，再考量天然氣價格等因素，經過與院內相關研究人員的一番激辯討論，確立中研院將去碳燃氫技術用於發電的方向。

　　去碳燃氫的原理是將天然氣裂解為氫氣與固態碳，這項技術過去主要用

於工業碳原料產製，近年隨國際淨零排放趨勢，德國、美國、澳洲等國也相繼試驗將其作為產氫來源之一；業界公司利用此技術來生產純氫或純碳，但都只能少量生產且成本相當高昂。

「我們機會來了，」觀察到這點的廖俊智得意地說，「中研院要做的跟別人不一樣」，若是用來發電，大家不會在乎產生碳的純度，或是不是鑽石，也不會在乎生產的氫是不是百分之百的純氫，只要能在某個條件下符合經濟效益，「那就是我們要的！」

2021年3月，中研院召集人馬迅速組成研究團隊，最初嘗試重現學界已有的去碳燃氫技術，實際操作後發現問題很多，包含耗能太多不符合經濟效益、產出的氫量不夠多等，但研究團隊不氣餒，見招拆招，嘗試過6、7種方案後，終於成功在院內發出「第一度電」。

團隊組成一年多後，中研院成功將去碳燃氫技術串接到自行購買的12.5瓩小型發電機，能接上電風扇並穩定發電。與此同時，研究團隊也證明投入裂解天然氣所需的能量可以比產出的要少，「能有淨產出」。

中央研究院院長廖俊智說明中研院去碳燃氫技術。（鄭傑文攝影）

2023年11月14日，總統蔡英文（中右）出席中研院及台電「去碳燃氫發電技術發布會」，由中研院院長廖俊智（中左）陪同參觀。（中研院提供）

跨出中研院　串接台電65瓩機組成功發電

雖然當時已有這樣的研究成果，但廖俊智心裡很清楚，「若不能串聯台電機組，只在院內發電無法取信於人」，因此中研院2023年2月與台電簽署合作備忘錄，廖俊智也訂下2023年上半年要能成功串接台電65瓩發電機組的目標。

從12.5瓩小型發電機到65瓩的商用小型發電機組，這樣的目標並不簡單。廖俊智坦言，確實給研究團隊帶來壓力，加上後續串接台電機組所面臨的種種問題，「都讓研究團隊瘋掉了」。

技術要重新串接到小型商用機組，包含規格、參數等都需要一一重新摸索、調整，而台電場域與中研院自家研究室畢竟不同，有嚴格的工安要求，因此研究團隊每天下班前都必須將設備拆除，隔天9點上班時再從小房間拿出來一一裝上，只因設備必須有人看管、壞了可沒人負責。

2023年11月14日，總統蔡英文（左）出席中研院及台電「去碳燃氫發電技術發布會」，與中研院院長廖俊智手持「去碳燃氫機組串接燃氣發電機模型」合影。（中研院提供）

「即便提議我們要加班也不行，因為你不是台電員工、不能加班。」類似的問題層出不窮，廖俊智說，加上新冠肺炎疫情因素，全球貨運大亂，從國外訂購機械零件也受影響，「要運什麼都沒有」，研究團隊焦頭爛額，必須跟時間賽跑。

轉眼間來到2023年6月底，研究團隊成功串接商用小型發電機組並發電，但卻無法穩定且連續發電，「目標只達成一半」。廖俊智表示，後續又遇到天氣太熱導致變壓器損壞等情況，一直到同年9月才真正達成目標，並於11月召開記者會對外宣布成果。

中研院的研究團隊在不到3年的時間有這樣的成績，廖俊智坦言，「我Push很深」，自己過去從未這樣、未來可能也不會，這樣做的原因只有一個，「因為這是台灣最重要的一件事情」。也因此，中研院的去碳燃氫發電技術打破了過往「中研院只負責生產知識」的說法。

從學術研究到產業實作　每一球都要得分

以往中研院的研究成果大都透過技轉、授權等方式，交由其他單位轉化為能滿足實際社會需求的應用；但去碳燃氫技術並非如此，不論是前端的確認理論技術可行性，到後端與台電機組串接等，研究團隊人員都親身參與。

廖俊智以自己喜愛的棒球來比喻，「過去學界的講法是，中研院為第一棒、大學為第二棒、工研院第三棒、業界第四棒，第一棒不負責得分，甚

至打出被接殺的高飛球也沒人會怪罪，但去碳燃氫技術不行，必須像打籃球或踢足球一樣，大家一起快攻到對手那裡，『每一球都要得分』。」

不過，縱使去碳燃氫發電技術可免除天然氣發電後仍須面對的二氧化碳捕捉及儲存問題，對台灣及全球天然氣發電減碳有極大助益，但廖俊智提醒，「這不是仙丹」，這樣的發電方式仍須進口天然氣，且若很成功，後續天然氣進口量會增加很多，「這是大家必須要面對的事情」。

展望未來技術研發願景，去碳燃氫規模和效率仍有待提升，需要長時間運作來提升穩定度和裂解效率，後續也將與國內氣體製造商擴展應用規模。廖俊智說，研究團隊會持續努力，盼讓輸入能量可以更少。

至於要到什麼程度才算夠？廖俊智說，「這是一直都要改進的，就像台積電研發半導體一樣，必須一直努力下去。」

混氫5%　估年減逾7000公噸碳排放量

台電2022年選定台電興達電廠進行混燒發電計畫，並找來機組製造商西門子能源一起合作，盼借重其在混燒氫氣技術的實戰經驗，改造3號機第3部氣渦輪發電機，並新建氫氣、天然氣混合設備，升級低碳氫氣混燒功能，初步規劃混氫試驗經費約新台幣4.54億元。

台電以90MW單一機組的減碳量估計，以氫氣替代5%天然氣，每年可減少逾7,000公噸碳排放量。未來技術更成熟，去碳燃氫發電技術能在裝置容量更大的機組使用，減碳量會等比例提升。

而中研院透過去碳燃氫技術的製氫過程可達到零碳排，估可提供台電所需氫氣占比約1/20，約兩個槽車的量，相當於680公斤氫氣。

台電原先預計2023年底達成混燒5%，因試驗狀況良好，混燒比例已超過10%，台電副總經理兼發言人蔡志孟表示，未來將依技術進程，逐步提高混氫比例，並水平拓展至國內其他燃氣電廠，預期2050年有望出現專燒氫能機組。●

農業部三大領域自然碳匯 2040年增匯千萬公噸

文 楊淑閔

中央社綜合新聞中心記者，歷任國會、市政、財經記者，長期耕耘農林業產銷政策路線24年

森林、土壤及海洋是「自然碳匯」三大潛力領域，農業部設定2040年目標是增匯1,000萬公噸二氧化碳當量（CO_2e），但在推估碳匯中，森林約逾120萬公噸，海洋300多萬公噸，土壤400到500萬公噸。台灣到處都是山林，但森林新增的碳匯反而最少，為什麼？

農業自然碳匯　生產力不得變異、減產

農業部資源永續利用司司長莊老達開宗明義說，「農業是以『農業經營』為主要收入來源，農業的根本就是經營農業，並不是操作碳權；不可過度期待，不可能靠碳權賺大錢、致富。」他強調，「碳匯可以變成碳權，但是不一定都會變成碳權。」

地球公民基金會董事長李根政也說，如果台灣要透過森林來達碳中和，約略需要6個種滿樹的台灣，這表示森林碳匯在台灣邁向淨零排放過程中，不可能成為主角。

莊老達進一步解釋，實際上申請碳權者，依據方法學操作時，對照還沒導入方法學生產時，各類農產產量的變異不可低於95%，土地要維持95%以上生產力，才是真正的方法學精神。

台灣面積有限，造林專案面積都不大，假設得到碳匯僅約10公噸，就算每公噸碳費達到500元，也只能賣5,000元，但是照顧森林兩天，可能就要支出5,000元了，並不划算。

認識自然碳匯

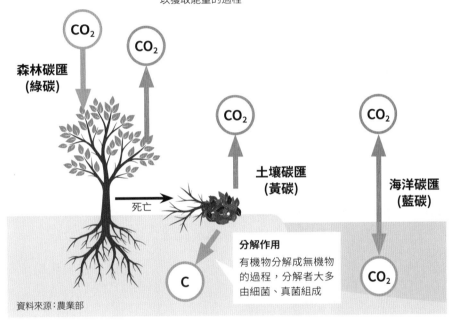

光合作用
植物吸收光能，同時吸收二氧化碳，並釋放出氧氣的過程

呼吸作用
利用氧氣將養分分解，並釋放出二氧化碳等，以獲取能量的過程

大氣

森林碳匯
(綠碳)

土壤碳匯
(黃碳)

海洋碳匯
(藍碳)

死亡

分解作用
有機物分解成無機物的過程，分解者大多由細菌、真菌組成

資料來源：農業部

🍃 二氧化碳儲存
　　總量排名

一、藍碳，如紅樹林、
　　濕地藻類、海草
　　床、潮汐鹽沼等。

二、黃碳，如農田、泥炭
　　地、黑土、草原等。

三、綠碳，如森林。

　　不過，莊老達也說，國內的畜牧業，則有可能由個案取得碳權。現代化經營的牧場已經公司化，經過軟、硬體革新後，可做溫室氣體減量效益較大的沼氣發電等業務，但是其換肉率、存活率等，都須維持原生產力，不可受影響。

開發有科學根據的方法學是當務之急

　　國立中興大學生命科學系終身特聘教授林幸助認為，農業部主管的自然碳匯，必須考量「三生」——生產、生活、生態，即兼顧糧食安全、農民收益、生態平衡。

　　莊老達則建議，要盡快開發具有科學證據的方法學。方法學經環境部審議通過，才會成為國家認可的方法，讓申請碳權者根據「MRV原則」（可

2023年2月7日，時任農業委員會（今農業部）氣候變遷調適及淨零排放專案辦公室執行長的莊老達說明ESG專案。（郭日曉攝影）

量測、可報告、可驗證）提出專案計畫書，向環境部申請，依照方法學種植、養殖、飼養等，註明操作面積，以及由誰執行等內容，並進行監測、驗證，審核通過後才能取得碳權，也才可以上架到臺灣碳權交易所販售。

現階段積極研議中的包含「改進農業土壤管理的方法學」，如「草生栽培」，可在裸露的土壤上種植一些草，藉此減少土壤裸露被下雨淋洗、風蝕，可促進土壤有機質固定、減少流失或被擾動，增進土壤的固碳性。又例如有研究顯示，使用微生物製劑或是真菌，可調整土壤的團粒結構，強化把碳抓在土壤裡的效力。

現在農業自然碳匯的方法學還不齊全，農業部接下來將以「科技計畫」支持推動，會有愈來愈多的方法學被開發出來。

農業自然碳匯不多　珍貴之處是「綜效大」

台灣目前有20%至30%進口木材來自熱帶國家，不僅有違法盜伐之疑慮，另航運過程亦徒增不少碳排放，因此林業保育署將提升國產木材比率視為重要政策，推動策略包含「擴大森林面積」、「加強森林經營」及「提高國產材利用」，預估至2040年可增匯120多萬公噸二氧化碳當量。

目前全國森林約吸收2,150萬公噸二氧化碳當量，可抵減全國溫室氣體排放的7.36%；2024年增匯的1,000萬公噸，已近全國森林碳匯一半的規模，雖可為淨零帶來助益，但實際上碳匯量並不算大。

莊老達說，「農業碳權都是Natural-based solutions，NbS，即以自然為本的氣候解方」，在定位上，等級比較高、效益比較好，有涵養水源、國土保安、淨化空氣、維護生物多樣性、確保糧食安全、維持生態平衡等綜效。

因此推動農業自然碳匯時，莊老達認為，可由產區的農民團體、公司一起做，擴大規模；有意參與的企業提供高於最後取得碳權的交易價，協助產區以推動增匯的方法學耕作。一來可增進農民的附加收益，企業本身可

取得碳權，還可將產區操作方法學後產生的多元效益，列入企業ESG報告書，或取得ESG證書，最終雙方共同落實減碳增匯、永續環境的目標。

農業部林業署預計在2024年啟動「自然碳匯與生物多樣性保育專案媒合平台」，鼓勵公司、團體以公私協力方式參與森林經營或自然棲地維護等工作，藉此落實自然資源管理、生物多樣性保育、環境保護及社會責任的永續目標，並提升自然碳匯、促進生物多樣性之效益。預計將有自然碳匯、生物多樣性保育、林業社會文化等類型約40個專案釋出，其中包括在台東縣金峰鄉推出面積為2.14公頃新植造林專案，預計碳匯效益18.5公噸二氧化碳當量，獲得許多企業詢問。

林業署指出，此專案要以國產林木樹種造林，參與執行的企業，必須負責整地新植、補植、撫育，設定20年成林。造林工作可增加當地工作機會，美化環境及增加周邊旅宿商機，不僅增匯，更可建立多元夥伴關係，振興當地經濟及國產材發展。

海洋碳匯　建立基線資料及碳匯係數

另外，台灣四面環海，海洋的自然碳匯可說潛力無窮，但目前國際海洋碳匯量測標準及國內海洋碳匯相關研究文獻不多。

農業部漁業署指出，推動海洋碳匯的策略包括開發海洋與溼地碳匯量測方法學，建立海洋與溼地碳匯基線資料及碳匯係數、碳匯監測技術等，同時也發展複合養殖經營模式、建構增匯管理措施與水產植物復育。從2023年就展開調查海草床、海岸溼地、海洋棲地及水產動植物繁殖保育區等不同棲地環境，並建立量測方法、排放係數及基線資料等研究，進一步分析海域棲地影響碳匯效益的關鍵因子。

農業部配合土壤、森林和海洋三大領域的特質，以不同的策略切入，推動自然碳匯，開拓增匯的路徑。從建立方法學開始，到啟動平台，推出各項專案，希望能結合企業ESG永續經營，公私攜手，發揮自然碳匯最大綜效，以小兵立大功之姿完成淨零的戰略目標。●

全台造林碳匯領頭羊
水利署盼成標竿

文 劉千綾

中央社政經新聞
中心記者，主跑
經濟部等產業政
策路線

近年旱澇交替現象頻傳，受極端氣候影響，台灣2021年面臨百年大旱缺水危機，經濟部水利署主管全台水利相關資源，本就「靠天吃飯」，面對氣候變遷衝擊，彷彿位於海嘯第一排。

為因應氣候變遷挑戰，行政院國家發展委員會於2022年3月30日公布「台灣2050淨零排放路徑及策略」，各部會總動員朝淨零目標邁進。經濟部關切淨零議題，水利署的淨零工作不落人後；因此，在水利署長賴建信鼓勵下，全署總動員盤點水利署全台的土地，著手進行植林與造林碳匯計畫。

水利署全台共有10個河川分署、北中南區水資源分署及台北水源特定區管理分署，不僅掌管河川、水資源運用等，轄下也有不少土地，但多為零碎、狹長土地，或者位於河道有防洪安全考量。

為符合環境部的「造林與植林」減量方法學，造林的專案地點須滿足以下條件，包括造林前土地需為非溼地及非森林地、2000年1月1日以後種植，面積達0.5公頃以上，平地造林土壤擾動[1]面積不能超過40%、山坡地造林不能超過33%等。

拚淨零碳排　啟動全台首例造林碳匯專案

水利署最後選擇了「東埔蚋溪綠美化場地」，於2022年3月10日啟動造

1　土壤擾動：在自然或人為影響的作用下，引起土壤形態改變的過程。

土地使用變遷

東埔蚋溪 木屐寮滯洪生態園區
經濟部水利署第四河川局
Fourth River Management Office, WRA

圖 例

專案位置

① 楓香樹 1500株
② 相思樹 1500株
③ 樟　樹 1000株
④ 光蠟樹 1500株

歷史航拍(國道3號施作前)

2001年桃芝後航拍

2020年專案前航拍

2022年 植樹後航拍 → 2032年 樹苗成林想像圖

東埔蚋溪木屐寮生態滯洪園區的土地使用變遷。(經濟部水利署第四河川分署提供)

林與植林碳匯專案，利用2.2公頃面積種樹造林，包括楓香樹、相思樹、樟樹、光蠟樹計5,500株，初估可得到512公噸二氧化碳當量（CO_2e）的碳匯，成為全國首例申請的造林與植林碳匯專案。

東埔蚋溪木屐寮生態滯洪園區，位於南投縣竹山鎮，占地22公頃，曾遭九二一大地震及桃芝颱風引爆洪水土石流沖毀。近年來，水利署積極推動生態保育工程，並與南投線東埔蚋溪環境生態保護協會共同辦理蝴蝶復育等環教計畫，已培養長期合作默契。

水利署總工程司陳建成表示，選定東埔蚋溪園區作為首個碳匯計畫執行地點有三大考量，除了兼顧防洪安全，也要考量造林是否會擾動當地生態、土壤環境是否適合種樹。與當地生態、民間團體互動良好，更是碳匯

專案執行關鍵。目前在東埔蚋溪園區種植的5,500棵樹木後續的維護認養工作也由保護協會負責，促進人文和自然生態共榮發展。

勇敢踏出第一步　無前例可循處處是挑戰

水利署執行水利工程時就有種樹、綠化環境等經驗，也成了造林碳匯專案萌芽的開端。但作為全台首例造林碳匯申請專案，陳建成說，水利署靠的是比別人多一點的勇氣，「勇敢踏出去，就變成第一個了」。

跨足植樹造林工作並非水利人的專業，加上申請碳匯專案時須撰寫自願減量計畫書、找第三方驗證機構、以及與環境部申請專案註冊時來回溝通等，許多挑戰對水利署而言都是「第一次」。

意外成為台灣造林碳匯專案的領頭羊，外界眼光與期待聚焦水利署身上，壓力也隨之而來。陳建成坦言，專案推行過程中，沒有前例可參考，許多過程都要摸索；因此，執行過程相當辛苦，壓力也較大，但相信挺過去之後，可讓碳匯專案推行更順利。

為促成造林碳匯計畫，水利署諮詢多位學者、專家意見，所需原生種苗木皆由農業部林業及自然保育署南投分署無償提供。農業部也提供許多協助，包括傳授森林經營觀念、植林養護撇步、及專案活動設計書撰寫建議等。

註冊申請造林專案時須經第三方單位查驗證，但當時台灣並無可受理造林碳匯的第三方驗證機構，水利署再度面臨「前無案例可循」的挑戰，花費一番功夫，歷經協調溝通後，才找到台灣衛理國際品保驗證公司（Bureau Veritas）協助驗證。

碳權規劃內部抵減　與綠色工程雙軌並行

陳建成說明，東埔蚋溪造林碳匯專案估計投入設置成本125萬元，維運成本262萬元，取得的512公噸二氧化碳當量的碳權，若以國際每噸碳權定價，不太可能靠賣碳權來賺錢，一切出發點仍以生態為重。

考量到國內目前沒有任何企業取得環境部造林與植林類別的碳權，水利署碳權的用途，須視機制及規定建置後再進一步規劃。

陳建成指出，水利署每年執行一、兩百件工程，首創以「工程碳預算管理」方法，透過系統性機制執行減碳策略，包括使用綠色材料、綠色工法和綠色能源等；但仍須使用鋼筋、水泥等材料仍無法避免，難以達成碳中和，這時就須以碳權來抵減。

根據水利署減碳目標，以2019至2021年每年平均碳排58.7萬噸為比較基準，2022年達到減碳20%目標，2023年則為30%，逐步減少碳排量。

台灣主要造林樹種固碳能力排行

針葉樹		闊葉樹	
樹種	每公頃CO_2固定量 單位:公噸/公頃-年	樹種	每公頃CO_2固定量 單位:公噸/公頃-年
台灣杉	19	相思樹	19.1
肖楠	14.3	楓香	11.1
松類	10.6	樟樹	11
柳杉	8.7	烏心石	8.95
檜木	8.6	台灣櫸	8.5
杉木	4.9	光臘樹	8.4

註：1.計算假設條件為平均生長量：5-10m3/公頃-年；每公頃株數：1,500株。
2.國內研究顯示，一株20年生的林木，依樹種不同，一年約可吸收11-18公斤二氧化碳。

資料來源：農業部林業及自然保育署

永續經營為主軸　原生種及固碳能力優先

談及台灣造林碳匯發展潛力，身兼水利署造林碳匯專案顧問的農業部林業試驗所主任祕書林俊成表示，碳匯專案須符合特定方法學，成本相對高，粗估1公頃每年平均約產生10公噸碳權，若以國際碳定價計算，並不符合投資報酬率，將碳匯視作經營主軸並非長久之計。

他指出，碳權應視為森林經營的副產品，並非主要產品，透過植林帶動觀光、旅遊等休憩活動等。至於何謂永續經營，他強調，「種樹不僅可以獲得碳權，同時能創造森林多樣性、與周邊社區互動、帶動就業效益。」農業部正在擬定森林、竹林經營方法學，預計2024年可經環境部審核通過。

東埔蚋溪造林碳匯專案選擇種植原生種喬木，包括光臘樹1,500株、相思樹1,500株、樟樹1,000株及楓香樹1,500株，每年每株二氧化碳固定量在5.6至12.7公斤，以相思樹為最高。林俊成說明，造林碳匯樹種選擇需為原生種，避免對當地生態造成過多改變；再來則是考量種植目的性。以碳匯專案為例，除了優先選固碳能力高的樹種，也必須評估存活率、對環境的影響等。

造林專案申請流程，第一階段須提交計畫書、開設帳戶、通過第三方驗證等，經環境部審議完成註冊；第二階段則為註冊通過後，在專案期程內向環境部提出減碳額度申請。林俊成表示，減碳額度須經實際監測和計算等，在造林碳匯過程中，會因樹木生長情形不同有所差異，完成註冊後仍要經過第三方驗證、環境部審議等嚴格把關，才能獲得碳權。

林俊成認為，造林碳匯在遵循方法學、邊界界定和係數計算、及監測查證等，仍須具備專業知識較易理解，水利署踏出專業領域造林碳匯，值得鼓勵和肯定。

目前包括東埔蚋溪在內，水利署共有3項造林碳匯專案，東埔蚋溪專案2022年執行以來，已完成第三方查證，正由環境部審議，若審核通過註冊後，未來可依通過日期，在30年專案期程內提出減碳額度申請。

此外，水利署還有位於桃園的石門水庫北苑園區、中庄調整池園區等2處場域，正辦理專案註冊申請程序，另也在評估台東縣鹿野鄉的明野堤防堤後空間的可行性。

全台首例的造林碳匯專案，在植林養護、第三方查驗證等過程中，水利署每走一步都須化解層層挑戰與關卡，展現力拚淨零碳排的決心，更期待能拋磚引玉，一起為淨零貢獻心力。●

兩種碳權怎麼分？

排放權

在總量管制與排放交易機制裡，政府會設定年度排放量上限，並每年核發「排放配額」（碳權）給受管制的排放源，也就是企業碳排放的許可證

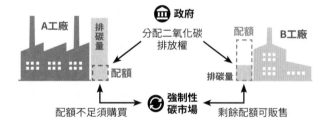

減量額度

非受管制的排放源，自願執行減量專案，如植樹、發展再生能源等，經認證後可獲得減量額度（碳權），並在第三方交易平台出售給有碳中和、環評等需求的企業

❶ 透過國際獨立機構申請
排放源執行減量計畫所產生的減量成效，經VCS、GS等國際獨立機構驗證後，可獲得減量額度（碳權）

❷ 透過環境部審核
台灣企業可透過環境部的自願減量計畫申請執行減量專案，認證的碳權可用於移轉或交易

資料來源：經濟部淨零辦公室

輯二
解碼碳交易機制

碳交易是台灣近2年擁有相當討論熱度的議題，各界對於「碳權」這個充滿神祕感的標的／商品更是充滿各種想像。有趣的是，就國際碳交易實務來說、台灣坊間經常言及的「碳權」，事實上包含了2種不同截然不同的標的；不但產生的方式不同、內涵不同、用途不同、甚至連價格的形成方式也都有所不同。避免將兩者混為一談，並清楚辨析這2種不同機制所產生的碳權、以及其於企業低碳轉型中的工具定位，將是正確應用碳權工具來加速轉型的首要之務。為此，在本輯中各個案例主要依據2種不同的碳權產生機制—包含「總量管制與排放交易機制」與「自願減量機制」—來加以歸納，並透過結合最新實務動態的解析，以令讀者能夠更容易揭開碳權交易的神祕面紗。

導讀／劉哲良（中華經濟研究院能源與環境研究中心主任）

接軌國際邁向淨零
臺灣碳權交易所急起直追

文 潘智義

中央社政經新聞
中心記者,長期耕
耘證交所、期交所
路線

林孟汝

中央社資訊中心
副主任,歷任商情
新聞中心、政經新
聞中心財經記者、
組長

減碳刻不容緩,從蔡英文總統宣示設立「國際碳權交易平台」到臺灣碳權交易所正式上線,前後不到一年,相關法規暨子法也同步完成立法、擬定施行時程,2023年成為「碳交易元年」,「減碳淨零」政策非但沒有回頭路,更是攸關台灣經濟發展、產業轉型的頭號大事。

2023年1月10日《氣候變遷因應法》立法通過,同年4月19日總統蔡英文宣示將成立「碳交易平台」與國際合作,達成減碳目標;5月9日《環

臺灣碳權交易所首任董座由臺灣證券交易所董事長林修銘兼任。(潘智義攝影)

2023年8月7日，總統蔡英文（中）、行政院長陳建仁（左7）、國發會主委龔明鑫（左5）、高雄市長陳其邁（右7）、碳交所董事長林修銘（右3）等貴賓為臺灣碳權交易所揭牌。（碳交所提供）

境部組織法》完成立法，行政院環境保護署升格為環境部（8月22日揭牌），8月7日，臺灣碳權交易所總部風風光光在高雄開幕，由臺灣證券交易所董事長林修銘兼任首任董座。

但國際上成立碳權交易所比台灣早了20年，包括德國、英國、新加坡、日本等，全球已有超過30個國家或區域設置碳交易所。「台灣碳交易之父」、臺北大學自然資源與環境管理研究所教授李堅明形容，「碳權交易所的成立，將是台灣推動2050年淨零排放的曙光。」

李堅明指出，全球碳市場將成為兆元產業（以美元計算），台灣若將環評增量抵減需求與碳費抵減需求合計，每年將有420萬到500萬噸的碳權抵減需求，以每噸10美元計價，市場規模約新台幣15億元。

碳交所引領企業走過減碳淨排陣痛期

為催生碳交易時代，碳交所總經理田建中全國跑透透，親自拜訪各大上

2024年3月20日,臺灣碳權交易所總經理田建中(右)於三三企業交流會發表專題演講。
(鄭傑文攝影)

市櫃公司,為企業高層解說碳權概念與交易方式,同時出席各項論壇、講座,充當「碳權小博士」推廣節能減碳觀念,常常一個星期七天都在高鐵上,北中南來回奔波。

田建中説,近年全球極端天氣事件頻發,暴雨、洪災、熱浪、野火等氣候災害不斷,對許多國家來説,氣候變遷不是未來的危機,而是切身的威脅,遏阻地球暖化已成為當前人類共識,減碳蔚為最重要的國際課題之一。

站到第一線與企業、民眾直接面對面,已聲音沙啞的田建中説,台灣雖然也有大旱、高溫、強降雨等極端氣候現象,幸運的是,並沒有肆虐成災,使得國人相對缺少「病識感」,無法充分感受國際上對於「減碳」、「淨零碳排」的急迫性。

但台灣是電子科技業大國,在國際供應鏈中是相當重要的一環,而審視當前國際趨勢,歐盟將於2026年實施碳邊境調整機制(CBAM),美國

也在研議相關議題，超過140個國家和地區預定在2050年實現「淨零排放」，微軟（Microsoft）、蘋果（Apple）、惠普（HP）等跨國大廠也先後表態，供應鏈是達成「淨零」目標的關鍵。

換句話說，就算台灣本島倖免於極端氣候殘害，但相關電子產業卻難以避免被捲入全球「淨零碳排」浪潮。台灣氣候聯盟祕書長彭啟明解釋，「例如蘋果現在一支手機約70公斤排碳量，將來要到零的話，壓力就在台廠身上。」

面對不減碳就出局的現況，產業減碳壓力愈來愈大。田建中說，在減碳聲浪中應運而生的碳交所，最大功能不在於撮合碳權交易，而是做為橋接平台，為台灣產業、尤其是相對弱勢的中小企業，提供各種與碳權有關的解決方案，以協助企業度過淨零碳排陣痛期。

因此不同於新加坡氣候影響力交易所（CIX）的商業導向，臺灣碳交所

2023年12月22日，碳交所啟動國際碳權交易平台，經濟部長王美花（前排左2起）、金管會主委黃天牧、國發會主委龔明鑫、環境部長薛富盛、碳交所董事長林修銘等與企業代表合影。（王騰毅攝影）

被定位為政策工具，不以營利為KPI，主要任務是運作順利、並有效穩定（碳權）供需。

避免投機炒作碳權　學者建議限制交易對象

2023年12月22日，「國際碳權交易平台」正式啟動，首批國外碳權於臺灣碳權交易所掛牌交易，僅限國內法人進場，有27個買家參與，成交8萬8,520公噸碳權，以金控業購買量最多，共14家金融業者參與。第二批國際碳權預計納入自然碳匯，以滿足廠商需求。

然而，依據碳交所現行交易規則，首批國外碳權商品限於國內法人購買，一般個人（散戶）無緣參與，而且「只能買、不能賣」，也就是說，企業買進這些碳權後，可以持有、註銷或移轉至買方經國際碳權核發機構的帳戶，但不得轉售或讓與其他人。

加之，這些國外碳權商品，屬於國際自願性碳權性質，並非強制性碳定價下的產品，無法適用抵減歐盟碳邊境調整機制（CBAM）；而在國內的部分，因為相關子法尚在研擬中，目前尚無法拿來抵減我國的碳費。

由於前述種種限制，外界質疑臺灣碳交所是「政策花瓶」，徒具「交易」之名卻無「交易」之實，倉促上線宣示意義大於實質；也有人認為臺灣碳交所只有初級市場，沒有次級市場[1]。

田建中說，碳權商品本質與一般金融商品不同，碳權商品上架目的，是要創造流動性，透過價格發現，促進低碳科技發展，同時落實在地減碳效益。

李堅明解釋，現行國際碳權初級市場有兩種，一是像歐盟一樣由政府發「配額」給企業；二是企業自己投資減少碳排產生的「碳權利」，將「碳權利」拿到碳權市場交易，歐盟、韓國及台灣採行此法，只是台灣多了一個規定「准買不准賣」，避免炒作。

1　初級市場指的是交易首次出售股票等金融商品的市場，是直接由發行人處購買，參與者為大型企業、銀行等；次級市場是金融商品再次被交易的市場，由投資者互相買賣。

臺灣碳權交易所小檔案

揭牌時間：2023年8月7日

總部地點：高雄市

運作方式：除了上架由我國環境部所核發的碳權外，初期亦與國際獨立機構黃金標準（Gold Standard）合作上架其碳權，未來則不限單一合作機構

碳權交易對象：買方僅限國內法人

運作3階段：

1. 成立初期以提供碳諮詢、教育宣導服務為主

2. 2023年12月22日正式啟動國際碳權交易

3. 環境部2024年完成碳費訂定，期2024年下半年開始國內減量額度交易

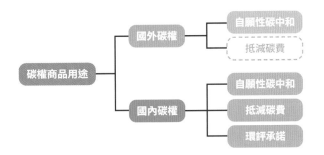

資料來源：臺灣碳權交易所、經濟部淨零辦公室

他直言，國際間的碳權周轉率約2至3次，但國內規定僅能買、不能賣，加上目前碳交所交易的碳權不能抵碳費，將限制碳交易的流動性與價格訊號。

他建議，環境部應依《氣候變遷因應法》第27條授權，及早認證可以供抵減的碳權商品，讓購買碳權的企業除了用於碳中和，還能抵減碳費、降低減碳成本，如此一來，才能有效提高企業購買誘因。

企業碳成本壓力難免　減碳也可能是商機

在政策法制面，《氣候變遷因應法》第35條第1項明定，「中央主管機關應公告納入總量管制的排放源，分階段訂定排放總量目標⋯，並依各階段排放總量所對應排放源的排放額度，以免費核配、拍賣或配售等方式，

核配其事業。」

環境部規劃於2024年上半年確立碳費費率，並於2025年依盤查結果開徵碳費，估計將有500多家事業須繳交碳費。

歐盟CBAM、國際供應鏈減碳需求、國內碳費開徵接踵而至，「排碳有價」時代來臨，學界擔心，企業為因應減碳、淨零轉型所做的投資或新增成本，必然將轉嫁給消費者，屆時恐引發「綠色通膨」。

碳交所坦承「綠色通膨」壓力難免，但企業可在循環經濟的架構下，透過製程改善將排出的二氧化碳再利用，或透過其他添加物變成新的化合物，製成再生原料出售，如此不但不會成為負擔，還會因此獲利。

田建中說，若能把減碳概念注入產品中，就有可能把「成本」轉化為「商機」，像是愛迪達（adidas）把製造一雙鞋的排碳降至2.94公斤、減幅達66%；華碩推出碳抵換服務，把每台商用電腦碳排從300公斤降到220公斤；玉山銀行推出零碳信用卡，這些企業在將「減碳」轉為商機的同時，也提升了企業形象。

展望台灣碳權市場，田建中說，國外碳權商品將來或有機會抵減碳費，但須待相關子法訂定，以及政策明確規範，目前國內企業購買這批國外碳權，唯一好處就是做「碳中和」。

而在國內減量額度部分，碳交所預定2024年下半年啟動平台，它的用途包括滿足開發案溫室氣體增量抵換要求、扣抵碳費、抵銷超額排放（若實施總量管制），但國內碳權的買方必須是「用得到，才能買」。

至於國內碳權買賣方式，依環境部規劃將分成定價交易、協議交易以及拍賣等3種方式，必要時，環境部可設定交易價格天花板，以免市場炒作。

人才培育宣導　落實永續經營

對於國內多數企業及民眾來說，「碳權」仍屬相當陌生的概念，因此，

優質碳權品質原則

外加性	外加溫室氣體減量指若沒有抵換額度市場,該溫室氣體減量便不會發生,相反,若減量無論如何都會發生,即專案擁有人不會出售碳抵換額度,該減量便不是外加的。
避免高估	執行減量專案時,應採取較為保守的態度來估算,避免高估排放基線、低估實際排放量,或未計入專案對溫室氣體排放間接產生的影響等。專案表現應進行監測與驗證。
永久性	抵換額度有關的溫室氣體減量或移除量必須一段時間不被逆轉重新釋放到大氣中。實務上「永久性」的操作原則,標準慣例是須將碳與大氣隔離100年,但在某些情況下或許更短。
避免重複計算	溫室氣體減量額度須具有獨家擁有權,避免重複發行、重複使用、重複抵換。
避免對社會與環境造成傷害	執行減量專案時,須確保不會對環境和社會造成危害。

資料來源:主要參考《碳抵換指引》(Securing Climate Benefit: A Guide to Using Carbon Offsets; 劉仲恩、蔡香吾譯)內容、部分文字進行改寫而成

碳交所運作初期,更著重在碳諮詢、相關人才培育與教育宣導等基礎建設工作,希望將永續經營理念融入、落實於企業治理和營運。

田建中強調,進入「排碳有價」時代,碳管理人才是產業競爭不可或缺的關鍵,碳交所已擬定全套人才培育計畫,除與各大學合作,也與英國標準協會(BSI)簽署合作備忘錄,聚焦在碳諮詢及教育推廣,加速培育台灣碳管理人才。●

新加坡CIX三大機制推減碳
中油、奇美都加入

文 侯姿瑩

中央社外文新聞
中心採訪組組長,
歷任外文、外交記
者、駐新加坡特派
員及編譯

全球頂尖的研究組織證實2023年為全球史上最熱的一年,新加坡宏茂橋地區該年5月出現37℃高溫,創下當地40年來的新高,氣候變遷導致海平面上升,也讓這個靠填海,一吋一吋努力擴張領土的島國,恐怕在未來的100年內需要至少千億新幣(約新台幣2兆2,600億元)興建因應海平面上升的沿海防禦性措施。

為減低氣候變遷影響,新加坡自2019年起徵收碳稅,2021年2月公布2030年新加坡綠色發展藍圖(Singapore Green Plan 2030),從公共領域、企業及個人著手,以實現淨零排放的長期目標。

星國CIX交易所開張　開拓自願性碳市場

同樣在2021年,身為亞洲大宗商品貿易及能源貿易樞紐的新加坡,由新加坡交易所攜手新加坡主權基金淡馬錫控股、星展集團及英國渣打集團,合資成立「氣候影響力交易所」(Climate Impact X, CIX),致力拓展自願性碳市場,協助機構、企業推動因應氣候變遷的減碳工作。主要以項目市場(Marketplace)、拍賣(Auctions)及現貨交易平台(Exchange)等三大機制,因應不同企業需求。

曾到台灣分享新加坡經驗的CIX市場總監吳佳佳表示,CIX項目市場主要藉由提供來自全球各地項目資訊,簡化企業購買碳權所需的工作,進而協助促進企業在氣候行動及永續目標方面的發展。

新加坡氣候影響力交易所（CIX）市場總監吳佳佳表示，CIX有3大機制因應不同碳市場需求。（吳佳佳提供）

拍賣機制則是讓開發商及供應商了解各專案項目公平的市場價格並建立需求，吳佳佳解釋，CIX數位平台可提供客製化的拍賣方案，包括方便搜尋有意參與項目的價格、新釋出的碳權或訂製的投資組合項目。這對有意大規模採購碳權的企業、金融機構及專業交易商來說，是很合適的選項。

而現貨交易平台有助提高碳市場的透明度、確定性和流動性，透過標準化契約及個別碳權項目來促進交易；根據CIX網站資訊，在那斯達克[1]（Nasdaq）交易技術支援下，平台著重標準化契約的流動性。這項機制很適合有意進行碳交易的專業交易商、經紀商及金融機構。

三種交易機制　為投資者提供合適選擇

新加坡南洋理工大學南洋商學院副教授羅啟鋒指出，企業及投資者各自有不同需求，包括風險容忍度有別或偏好特定產品，而CIX以不同策略提供多種碳權產品，但終極目標都是獲得最好的碳價格。

他舉例說明，交易所成交量比較高、價格波動也比較快，這就是交易所的風險。而交易所的客戶群以金融機構為主，由於成交量大，比較容易吸引較有經驗的客戶。

1　那斯達克（Nasdaq）：為世界第二大證券交易所，特色是可透過電話或網路直接交易，上市企業以高科技產業居多。

至於拍賣機制，羅啟鋒分析，客戶群多為大型供應商及大型買家，其複雜程度與交易所相似，客戶群須對減碳產品有一定程度的認知。這項機制的主要風險來自價格，基於拍賣原則，投標價格有時可能跟最後成交的價格不同。

他指出，項目市場的客戶群以中小型企業居多，由於複雜程度較低，成交量也比較少，因此價格波動較其他兩種機制小，市場風險相對較低。不過，這項機制的主要風險來自交易對手有可能未按照承諾執行減碳項目。

購買碳權拚碳中和　台灣企業投入

吳佳佳2023年8月底受訪時表示，自平台上路以來，已有超過60萬公噸的碳權透過CIX現貨交易平台完成交易，47萬公噸藉由CIX公開拍賣活動售出。她並觀察到，企業基於淨零排放及永續發展的承諾，對CIX項目市場機制的需求與日俱增。

有意成為CIX會員的機構及企業，須先遞交申請，經CIX核准後才能成為會員。基於商業機密考量，CIX無法透露會員總數及來自多少國家，但根據已公開資訊，參與這項國際平台的台灣客戶包括台灣中油、奇美實業、華邦電、雲品飯店及苗栗縣政府。

其中，2022年4月成為會員的台灣中油，是最早加入CIX的台灣企業之一。台灣中油國際貿易公司副總經理劉瑞莉受訪表示，對能源公司來說，淨零碳排是一種企業責任。有鑒於碳權、碳中和是國際趨勢，中油台灣總部及新加坡分公司分別申請加入CIX，希望藉此多了解其他能源公司的做法與想法。

劉瑞莉說，中油目前能參與的是市場機制項目，關注包括林業及非林業型專案，將持續觀察其他企業如何透過交易平台的多元減量誘因機制，與世界接軌。不過，截至2023年底，尚未實際在CIX進行交易。

另外，奇美已從CIX項目市場購入1萬噸碳權，碳權來源為柬埔寨及秘魯的森林自然保育專案，並經國際減碳標準VCS（碳驗證標準，Verified

Carbon Standard）認證。華邦電則透過CIX碳權拍賣平台得標面積超過35萬公頃的巴基斯坦紅樹林保育藍碳項目，購入碳權用在公司家庭日的碳排放抵換。

分階段提高碳稅　推廣再生能源及電動車

除了碳交易，新加坡為首個引入碳稅的東南亞國家，自2019年起徵收，2022年底通過碳定價修正法案，規劃從2024年起分階段調高碳稅，目標是在2030年由每排放一公噸溫室氣體徵收新幣5元（約新台幣117元），增至每公噸50至80元（約新台幣1,865元）。

羅啟鋒分析，碳稅透過增加企業成本以鼓勵減少碳排放，而碳權交易則是鼓勵企業減少碳排放，並允許將多餘的碳權從碳交易所賣出。儘管兩者運作方式不同，但同樣都是為了減少碳排放、緩解氣候變遷的有效工具。

而新加坡在追求達到淨零排放之際，也考慮到其他領域的高度數位化和去碳化將不可避免地推高電力需求，因此星國能源2050委員會2022年出具的報告指出，必須過渡到低碳能源，才能永續應對電力需求成長。

星國電力來源主要仰賴進口天然氣，但近年積極發展太陽能等再生能源，據該報告表示，隨著氫氣成本下降及全球氫氣供應鏈形成，新加坡預計在2030年代建造首座氫氣進口接收站，進口少量氫氣進行發電，到2040年，預計將啟用當地首座大型氫氣進口接收站，屆時估計可滿足星國超過一半的電力需求。

同時，新加坡政府致力推廣電動車，不僅規劃設立更多電動車充電站，也計劃縮小電動車與一般內燃式引擎車輛的價差，鼓勵民眾轉向電動車的懷抱，預計2040年全面淘汰內燃式引擎車輛。

台灣於2023年8月成立碳權交易所。對此，羅啟鋒認為，台星雙方有許多潛在合作機會，包括建立碳交易平台、產品標準化等方面的經驗交流。

CIX同樣表示：「樂見任何與理念相同夥伴合作的機會。」●

減碳先行者
歐盟領航國際碳交易市場

文 林育立

前中央社駐柏林
特派員，深耕德國
能源政策和社會
歷史議題

德國東部大城萊比錫的市中心聳立一座高樓，比周圍的建築都高，電梯搭到第23層就是歐洲能源交易所（European Energy Exchange, EEX）。能源交易所的運作方式類似證券交易所，也是集中的平台和電子式交易，只不過買賣的是電力、瓦斯、碳排放權等能源商品，現場安安靜靜，讓人難以想像這裡是歐洲最大電力交易市場的所在地。

碳交易促減排　EEX成為市場指標

EEX所交易的「碳權」，指的是歐盟排放交易體系（European Union Emission Trading Scheme, EU ETS）所核發的排放許可／排放權。除了萊比錫總部的500名員工，EEX在巴黎、倫敦、新加坡等地共有21處據點，總計約800名電力業者、能源交易商、經紀人、銀行擁有交易資格，他們不管身處世界任何一角落，只要坐在電腦螢幕前即可參與買賣。

EEX集買賣平台、交易資格審查、結算交割功能於一身，市場運作部門主管特貝爾（Wolfgang Treber）對交易的公開透明尤其感到驕傲。他說，不管交易者的財力規模有多大，匿名化交易可確保所有人機會均等，價格完全由供需決定，交易量和交易價定期公開，成為業界重要的參考指標。

電力才是EEX的主要交易商品，碳權僅占業務的一部分，不過運作至今已累積豐富經驗，成為全球最成熟的碳交易市場。

> 🍃
>
> 歐盟排放交易體系(European Union Emission Trading Scheme, 簡稱EU ETS)是強制性的碳市場,採上限和交易(cap and trade)原則,先由歐盟訂出排放總量上限,參與的國家將排碳權利的額度透過免費或拍賣方式發給企業,企業有足夠的排放權才可排碳,也可將多餘的排放權在平台上賣給需要的買家。
>
> 歐盟排放權交易的主要平台是德國萊比錫的歐洲能源交易所(European Energy Exchange, EEX)和倫敦的歐洲氣候交易所(European Climate Exchange, ECX)。

　　歐盟相信,市場化的碳權交易是提升減排效益最佳的方法。減排成本低的廠商自然樂於減少排放,把碳權賣給有需要的廠商,後者可選擇購買碳權或投資減碳設備,看何者付出的成本最小,市場機制可將整個社會的減排效益最大化、即花最少的錢減少最多的碳排。

排碳有價刺激產業低碳轉型

　　歐盟實施碳交易的前幾年,由於排放上限訂得過高、廠商競相購買國外碳權、經濟不振工廠減產導致碳排下滑等因素,市場上碳價屢創新低,廠商因此缺乏減碳誘因。歷經制度改革後,2018年起碳價從每公噸3歐元的最低點一路往上爬,2022年平均80歐元,2023年第一季首度突破100歐元關卡,近來在80歐元上下波動。

　　隨著碳排付出的代價水漲船高,歐洲企業紛紛思考對策,公開揭露排放數據和減碳路徑,及早規劃低碳轉型。

　　其中轉型壓力最大的是石化、鋼鐵、發電、汽車等高耗能產業。以德國巴斯夫集團（BASF）為例,這家全球化工業的龍頭近年大力投資離岸風場,規劃用綠電取代天然氣。2023年9月,荷蘭近海裝置容量1.5 GW（百萬瓩）的Hollandse Kust Zuid風場啟用,這是全球第一座無須補貼的離岸風場,身為大股東,巴斯夫可獲得一半電力。巴斯夫還規劃投資德國北海一座規模更大的風場,預計2028年啟用。

　　不計中國生產基地,巴斯夫目標是2030年前相較於2018年減排50%,2050年前達成零碳排。

EEX是電力、瓦斯、碳排放權的買賣平台,除了德國萊比錫的總部,在全球各地還有21處據點。(European Energy Exchange AG提供)

EEX集買賣平台、交易資格審查、結算交割功能於一身。(European Energy Exchange AG提供)

　　排碳有價激勵再生能源的發展,改變電力結構,德國就是很好的例子,煙煤發電因碳價上漲逐漸退場,再生能源占用電量的比例在2023年首次過半,並刺激綠色氫能的發展。綠氫是透過太陽能等再生能源、用電解水方式取得的氫能,在生產和應用過程中幾乎沒有碳排,德國官方稱之為「未來的石油」,可用來減少對化石燃料的依賴。

　　法商阿爾斯通集團(Alstom)的氫動力火車頭,2022年在德國北部投入營運,號稱是全球最早上路的氫動力列車;德國最大鋼鐵廠蒂森克虜伯(ThyssenKrupp)2019年啟動氫能煉鋼試行計畫,這是全球第一次有鋼鐵廠用氫取代煤炭煉鋼,目標是生產「綠鋼」取代過去用煤炭生產的「灰鋼」。

　　汽車工業也努力調整供應鏈,採用綠鋼等低碳排零組件打造汽車。自從2006年以來,德國高級車品牌BMW每生產一輛車的碳排已平均減少7成,2030年前希望達到9成。歐洲最大車廠福斯(Volkswagen)2021年宣布名為「邁向零碳排」(Way to Zero)的減碳路徑圖,目前歐洲所有

廠房已改用純綠電生產，未來將大手筆投資風力和太陽能發電，2030年前達成相較於2018年每生產一輛車減排4成的目標。

民眾也得付出代價

除了製造業，一般民眾也得為排碳付出代價。德國2021年起針對建築和交通實施國家碳交易制度，不論開車或室內暖氣，使用石油、柴油、暖氣用油、瓦斯等化石燃料都得繳交碳費，一般俗稱碳稅。碳稅原本每噸30歐元，2024年起大漲5成到45歐元；以一戶4口之家每年使用2萬度瓦斯為例，一共須繳交162歐元（約新台幣5,500元）的碳稅。

碳稅的徵收是基於汙染者付費的原則，進而鼓勵屋主改善屋頂、窗戶、牆壁的隔熱，更換老舊的暖氣設備，改用節能的熱泵或將來可轉用綠氫的天然氣設備，達成減少碳排和加速再生能源普及的效果；車主也受到激勵少開車，改騎腳踏車或搭大眾交通工具。未來幾年，德國的碳稅可望逐年調高，2027年起併入歐盟新成立的第二個碳交易市場，屆時建築與交通的碳稅多寡將由市場機制決定。

歐盟首創CBAM收取憑證

相較於世界上其他國家，歐盟對碳排的規範相對嚴格，排碳成本最高，造成根留歐洲的企業面臨不公平競爭，因此醞釀對進口品徵收費用。在討論這個引起貿易夥伴不安的「碳邊境調整機制」（Carbon Border Adjustment Mechanism, CBAM）前，得先了解「碳洩漏」（Carbon Leakage）這個概念。

碳洩漏指的是廠商為降低成本，轉移到碳排管制寬鬆的國家生產，或乾脆從當地進口替代品；此舉不僅有損本地廠商的競爭力和工作機會外移，也導致全球碳排增加。為避免這樣的情況發生，歐盟擬了一份碳洩漏名單，水泥、造紙、鋼鐵等排碳大戶可獲得免費配額，降低需要額外購買排放權的財務負擔。

不過，2026年起免費配額將逐步退場，為此歐盟醞釀收取憑證，讓進口

品負擔與本地產品等同的碳成本。一如歐盟主管環境的執委堤孟思（Frans Timmermans）所言，克服氣候危機的前提是全球一起減碳，「一旦高能源密集度的產品進入歐盟，生產過程產生的碳排就必須付出代價。」

這套機制全球首創，不僅歐盟得邊做邊評估，各國也須學習適應。2023年10月，碳邊境調整機制開始試行，鎖定水泥、鋼鐵、鋁、化肥、電力、氫能產品，要求進口商提供碳排數據。

過渡期預計2025年年底結束。2026年起，歐盟將開始收取CBAM憑證，進口商必須購買憑證，補齊歐盟和進口國之間碳價的差異，免費配額屆時也將逐年遞減。當2034年免費配額完全取消時，將全面啟動收取憑證。

碳邊境調整機制是歐盟繼碳交易市場後，最具野心的減碳計畫，但付諸實施後非常可能引起混亂和爭議。德國批發與對外貿易總會（BGA）主席揚杜拉（Dirk Jandura）批評，除了整個製造過程的碳排量，已付過的碳價也得登錄，標準模糊不清，徒增廠商的人力成本。

此外，各國願不願意接受這套機制也不無疑問；目前歐洲國家加上美國、加拿大、日本的七大工業國集團（G7）離共識還有一大段距離，中國、印度等主要經濟體已公開表示不滿。揚杜拉指出，唯有全球同步實施，碳關稅才有減碳意義，從貿易觀點來看這套制度是保護主義，他預期歐盟實施碳關稅後，中國等國將向世界貿易組織（WTO）提告。

不過，從歐盟的角度來看，碳邊境調整機制符合世貿規範，非對第三國的歧視或貿易障礙；出身德國、代表歐洲議會推動碳交易的利澤（Peter Liese）就說，這套制度是環保措施，不是「稅」或「關稅」。

力抗氣候變遷　全球都要動起來

近年來，全球暖化失控讓人類備感焦慮，再也沒人會質疑減碳的重要性。可以確定的是未來各國對碳排的要求勢必更嚴格，碳價也一定會節節上揚。減碳效益看不見也摸不著，光靠口號效果有限，唯有被迫付出排碳的社會成本，企業和民眾才會對排碳有感，真正付諸行動減碳。

歐盟碳邊境調整機制

什麼是CBAM？

碳邊境調整機制（Carbon Border Adjustment Mechanism, CBAM）為歐盟2021年公布的碳定價機制，規範高碳排產品進口至歐盟時，須購買對應的CBAM憑證，產品才能進入歐盟；若生產商在非歐盟國家已支付碳費，可抵銷CBAM憑證採購費用。藉由提高碳排放成本，達到全球減碳的目的。

公布機制	2021年
過渡期	2023年10月1日 ↓ 2025年12月31日
正式施行	2026年1月1日

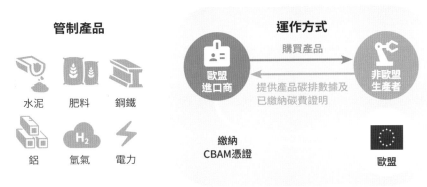

管制產品

水泥　　肥料　　鋼鐵

鋁　　氫氣　　電力

運作方式

購買產品

歐盟進口商　　**非歐盟生產者**

提供產品碳排數據及已繳納碳費證明

繳納CBAM憑證

歐盟

資料來源：經濟部淨零辦公室

　　歐盟是碳排總量管制和定價的領航者。除了歐盟，世界上還有20幾個碳排放交易市場。EEX在2023年推出「全球碳指數」（Global Carbon Index），追蹤碳交易相對成熟的歐盟、英國、加州及中國、韓國等亞太國家的碳交易和碳價，反映正在興起的國際碳交易市場。

　　畢竟碳排是全球性的問題，不管在那裡排放，對地球來說一樣都是傷害。●

率先導入碳排放交易機制
英國拚2050淨零

文 陳韻聿

中央社駐倫敦特
派員，歷任編譯、
外交記者

英國在18世紀工業革命時，燃燒大量煤炭，工廠煙囪排放的濃煙，讓天空灰濛濛，首都倫敦更因空汙嚴重而有「霧都」之名。但2019年，英國率各國之先將「淨零排放」入法，目標為在2050年達成「溫室氣體排放量減去人為移除或捕捉量後，結果為零」。

2002年，英國是為第一個實施碳定價並導入全國性碳排放交易機制（ETS）的國家，當時屬於自願參加性質。更在2008年英國就通過《氣候變遷法》（Climate Change Act, CCA），率先創建碳預算的概念，以5年為一期，規定英國在此期間的溫室氣體總排放上限，依法不應超過此上限。至2020年底，英國的溫室氣體排放量只占全球的1%。

目前關於碳權交易、碳稅、碳定價及「淨零排放」（Net Zero）等議題的討論多集中於歐盟相關政策；事實上，歐盟有不少政策設計是參考英國在脫歐前的各項措施。在脫歐之前，英國參加歐盟碳排放交易機制（EU Emissions Trading System, EU ETS），與歐盟共同實現減碳目標，脫歐之後，在2021年實施英國版的碳排放交易機制（UK Emissions Trading Scheme, UK ETS），持續以溫室氣體排放量減少速度領先已開發國家。

制定國家總排放上限　產業有「免費配額」

UK ETS由英國政府設計、執行，其主要原則為「總量管制與排放交易」（cap and trade），也就是由政府制定國家總排放量上限，並為各產業

及各產業別企業核配碳排額度，即「免費配額」（free allocation）。

「免費配額」的一大功能是減少所謂的碳洩漏（carbon leakage）。「碳洩漏」指的是企業將生產或營運設施，遷移至溫室氣體排放管制較寬鬆或碳定價較低的國家地區，以節省成本，間接使碳排「外漏」。為進一步避免企業考量成本勢必增加而對擴大投資卻步，UK ETS預先保留額外的「免費配額」，供各產業別的新進業者、以及產能或業務量有較大幅增長的業者運用。

UK ETS「免費配額」將隨時間往下調整，以激勵企業採取更具野心的減排措施。排放量未達「免費配額」上限的企業，可將多餘額度轉移至在英國洲際歐洲期貨交易所（ICE Futures Europe）的碳交易市場拍賣。

經過2021年1月至4月由EU ETS完全切換至UK ETS的過渡期，2021年5月19日英國在洲際歐洲期貨交易所掛牌自己的碳權期貨（UKA Futures）。

以「總量管制與排放交易」為核心原則的UK ETS也成功地運用自由市場機制，加速淨零排放達標。企業考量政府訂定的「免費配額」將隨時間下調，必須及早減排；意味著可投入碳權交易市場的額度減少，碳權價格可

英國諾丁漢郡的一處燃煤發電站。（Diana Parkhouse/Shutterstock.com）

能將因此上升，提供一個企業加速減排，並將未使用的配額投入交易市場的誘因。

強制規範產業漸增　減排目標比歐盟更高

目前UK ETS強制規範三大產業領域，包括高耗能產業（含鋼鐵生產、肉品加工、化學工業、採礦業、造紙業、等）、電力供應、航空業，未來將逐步納入更多碳排量相對高的產業類別和活動。碳捕捉及碳儲存也適用UK ETS。

2026年起，5,000噸級以上大型船艦將納入UK ETS強制規範；2028年起擴及垃圾焚化及垃圾焚化發電。英國政府持續與業界討論、進行公眾諮商，政策預計將滾動式調整，但大趨勢仍為盡可能挑戰更高的減排目標，同時鼓勵科技和金融市場創新、將更多新技術（例如碳捕捉）納入UK ETS交易市場，進而活絡經濟，並向世界各地輸出相關產品、服務、規範與成功經驗。

UK ETS與EU ETS的運作方式近似，但減排目標值更高。歐盟目標為每年減排2.2%；UK ETS設定的排放管制總量上限，比英國仍在歐盟EU ETS框架下時期低5%，也就是容許排放量減少5%，並視「淨零排放」政策達標進度調整。

拍賣底價+成本控制　確保交易價格穩定

英國政府並規定UK ETS的市場運作以「拍賣底價」（Auction Reserve Price, ARP）及「成本控制機制」（Cost Containment Mechanism, CCM）避免碳權交易價格過低或過高。每噸碳的底價為22英鎊（約新台幣830至880元），交易不得低於底價。

CCM則是允許UK ETS主管機關在交易價格出現「持續過高」的情況下，依法介入。主管機關可參考前兩年的成交價走勢以及現有碳權期貨合約，判斷碳交易價格是否過高。若碳權期貨合約價較前兩年市場平均成交價高出兩倍以上的，可認定價格漲幅過大。

　　一旦價格漲幅過大，持續3個月，主管機關可啟動CCM讓價格回穩，主管機關可採取的措施包括提前動用下一年的碳排配額，以及釋出預留的免費配額，增加供給讓價格下滑。

連結歐盟碳交易　以因應碳邊境調整機制

　　歐盟2026年將正式實施「碳邊境調整機制」（CBAM），出口國產品的碳含量若超過進口國規範，進口商須購買CBAM憑證。

　　對英國企業而言，若出口商品到歐盟，即須承擔UK ETS與EU ETS之間的碳價價差並須購買CBAM憑證。英國能源產業聯合會Energy UK指出，UK ETS在2023年的碳權成交價走低，若維持目前與EU ETS的平均價差，到2026年，英國可能每年須採購逾5億英鎊的歐盟CBAM憑證。

　　Energy UK認為，要避免增加英國出口到歐盟的碳成本增加，連結UK ETS和EU ETS是唯一解方，包括讓雙方碳價趨於一致、減輕企業的出口文書作業負擔，直接對英國企業免除CBAM憑證。此外，連結EU ETS也可望進一步擴大英國的碳交易市場。

　　英國智庫「皇家國際事務研究所」（Chatham House）環境與社會中心研究計畫副主任弗羅加特（Antony Froggatt）受訪時說，脫歐後，英國決定透過實施ETS、而不是徵收碳稅，達成「淨零排放」，就政治效應而言，ETS比碳稅穩定。且實務上，各國有許多放棄實施碳稅的例子，相對而言，運用市場機制的ETS較穩定。

　　不過，由於UK ETS自成一格，能發揮的效益規模較為有限；理論上，英國可以將自身的ETS與EU ETS連接，一如瑞士，但這需要英國及歐盟雙方進行政治層面的改變，研判短期內不會發生。

　　隨著ETS的適用產業領域擴大，英國也規劃實施CBAM，預計2027年施行，目前仍在政策公共諮詢階段。弗羅加特指出，一如歐盟的CBAM，英國的CBAM將對來自碳價較低的國家地區產品收取碳價價差，但這樣的作法「在世界許多地方引發爭議」。●

從試點到正式營運
中國碳權交易仍在邊做邊學

文 吳柏緯
中央社國際暨兩
岸新聞中心記者，
歷任科技、財經
記者

「碳權交易」這個議題在近年來成為了顯學，世界各國都盡力趕上這波趨勢，而中國這個全球最大的二氧化碳排放國，經過多年的試點後，2021年7月16日，中國全國碳排放權交易市場正式營運，並且完成第一筆交易。

排碳大國終於步入了碳權交易的領域，起步或許得追溯到2011年提出的「十二五計畫[1]」。

在當年提出的「十二五計畫」中，針對「控制溫室氣體排放」的章節，明確提及「建立低碳產品標準、標識和認證制度，建立完善溫室氣體排放統計核算制度，逐步建立碳排放交易市場」。隨後，官方一聲令下，2013年到2016年間在北京、上海、重慶、福建等8個省市陸續開始進行碳權交易市場試點。

「試點」是中國在推行新政策時經常使用的方式，先在特定區域試行、調整，最終目的是全國推行。

中國在2017年啟動建立全國碳排放交易系統，並於2021年正式上線交易，2023年7月，中國宣布過去兩年間，碳權交易累計成交量2.399億噸二氧化碳（CO_2e）當量，累計成交金額達人民幣110.3億，第二個履約週

1　《中華人民共和國國民經濟和社會發展第十二個五年規劃綱要》，簡稱「十二五計畫」，為中國訂定的從 2011 至 2015 年發展國民經濟的計畫，「綠色發展」為其中重點目標之一。

期[2]在2023年12月31日到期。

然而，即便帳面上的數字看似風光，在這個嶄新的遊戲規則之下，無論是本地企業或是長期在中國投資的台商，至今仍在摸索。

客戶的壓力督促企業盡快趕上

長期輔導台商並提供諮詢服務的昆山漢邦企管顧問公司總經理李仁祥觀察，對於台商來說，碳權概念仍然較為陌生，目前著手相關交易的企業，多是來自於客戶的要求，不然就是地方政府的政策指導，然而整體數量並不太多，實際上是比較「被動」。

他舉例，當地有一個與歐洲多個車廠有業務往來的台商，為了滿足客戶的減碳要求，要求產品製造過程必須符合碳排放規範，否則就考慮轉單。因此，這家企業除了加強使用太陽能等綠電外，也向其他企業購買碳權，盡力符合客戶的要求。

「如果沒有來自客戶的壓力，那麼也不會這樣做」，李仁祥坦言，這樣的措施一定是從大型企業開始執行。

只是，就算中小企業受到的影響相對沒有大企業那麼大，並不代表沒有壓力，事實上，在縝密的產業鏈之中，只要其中一個環節的客戶提出需求，不論企業規模，都必須面對。

例如，有一個規模不大的五金工具製造業台商說，原本不認為這類「規範大企業」的規則會影響到自身的營運，但由於主要市場之一在歐洲，隨著相關的減碳觀念普及，他也開始受到客戶的要求，生產過程中必須使用一定比例的綠電。

雖然生產過程中的碳排放量並未超過標準，然而客戶「預先提醒」，若

2　中國碳市場第一個履約週期自 2021 年 1 月 1 日至 12 月 31 日，共納入 2162 多家重點排放業者；第二履約週期自 2022 年 1 月 1 日開始至 2023 年 12 月 31 日。若受管制企業碳排高於免費分配配額，須在履約期限之內，透過在全國碳市場購買配額以補足缺口。

是超標的話必須依循正當管道購入碳權，否則將會影響到後續的合作。「我們還是會擔心轉單，所以只能盡快了解相關規定並擬定配套。」

邊做邊學的中國碳權交易

有人形容，過去2年多以來，中國的全國碳排放權交易市場是「邊做邊學」，即便如今看似已經比剛上路時穩定，但仍有修正與成長空間。

上海一名熟悉產業發展的財經學者匿名接受採訪時坦言，不要說是外資企業對於碳權交易陌生，連中國本地的企業都偏向「觀望」，對於出售碳權的興致並不太高。究其原因，是政策難以預期以及市場前景不明。

他提到，2023年7月宣布了過去兩年的累積交易量與金額，實際分析這些數字後會發現，不少買賣是來自於「大宗交易」，並不能實際反映市場活絡的程度，反而更加凸顯出這類交易大多發生在企業集團內部或是大型企業之間，「具有規模的大型企業比較有餘裕和時間去思考這些事情，對於規模較小的企業，光是經營就已經耗盡心力了。」

他認為，這樣的情形一方面會讓真的有興趣減碳的企業卻步，另一方面也會使交易價格無法反映市場真實情形。最重要的是，若交易數字是大型企業「互有默契」的結果，那麼最終碳權交易的核心精神恐怕會大打折扣。

此外他也提到，觀察過去的交易情形可以發現，市場存在強烈的「淡旺季」，大多數的交易都集中在年底，「就好像暑假作業，非得等到最後一刻才寫」，這樣的情形也間接反映出市場還並不成熟。

綜觀目前中國碳權交易規定，其中針對交易方式明定了「協議轉讓」與「單向競價」兩者，協議轉讓又可以依協議模式分為「掛牌協議交易」、「大宗協議交易」兩項。碳權交易允許企業視自身情形與優勢，從中選擇最適合自己的交易方式。

上海環境能源交易所2008年成立，為上海市碳交易的指定交易平台。（張淑伶攝影）

目前中國碳交易市場，主要針對火電、建材、鋼鐵、有色[3]、石化、化工、造紙和航空等8大高碳排放行業為主，而且採取逐步納入的方式。

這名學者指出，即便是高碳排放行業，依業別不同，排放規模與產業內部結構與發展情形也不同，衍生的需求與要求恐怕也都不同，這都是擴大市場涵蓋時必須納入的考量，「例如石化業跟鋼鐵業，大家都知道是高碳排產業，都知道得管管，但是有辦法一下子就要所有的企業不分規模大小、生產內容，即刻納入市場嗎？碳中和當然重要，但要一刀切並不符合現實。」

3　有色金屬（non-ferrous metal）：泛指鐵、鉻、錳等黑色金屬以外的金屬，包含銅、鋁、鉛等。

當老練的台商遇上嶄新的碳權交易

「邊做邊學」這樣的態度，同樣在台商身上實踐。

執業律師、上海市台灣同胞投資企業協會副會長蔡世明形容，碳權交易對於台商而言，仍然是一個較為嶄新的觀念。就他所知，目前也有不少會計師事務所、律師事務所針對這個概念與客戶們溝通。「我們自己也正在學習相關的知識，之後客戶如果遇到相關的問題，才能替他們解決。」

一名曾經在長三角地區[4]擔任台商會長的台商受訪時提到，自從試點以來，「碳權交易」這個話題確實時不時會出現在台商的談話中，有人詢問應對方式、有人分享和地方政府打交道的經驗，其中也不乏有人看到「商機」，想要籌措資金投資「減碳、賣碳有成」的相關產業，並探詢可能性或是操作方式。

然而大多情形最終都停在「只聞樓梯響」的階段，畢竟就算知道這是中國正在推動的措施，但是在切身感受到對於自身影響之前，多選擇觀望。

事實上，比起看起來遙不可及的碳權交易議題，更多台商著眼於當下能做的減排與增加綠電的使用規模。

在上海專營汽車零組件的陳姓台商，前一陣子才下定決心，斥資人民幣上百萬左右，在自家的工廠廠區鋪設了太陽能板，響應綠能節電，盼能降低電費。他笑說，「原本想著大概分20到25年攤提，但是實際鋪完後，掐指一算，大概要到30年了。」

對於「碳權交易」這樣的概念，他坦言對於像他這樣規模不大的中小企業來說，並不熟悉，如何節省電費更加重要，而且，「地方政府目前也都是鼓勵增加綠色能源發電，坦白說，我就是配合官方的要求。」

---

4 長三角地區：中國長江三角洲地區，簡稱長三角，涵蓋上海市、江蘇省、浙江省、安徽省三省一市。

雙碳目標的死線逐步逼近

中國國家主席習近平2020年9月於聯合國大會宣示，為因應氣候變遷和綠色低碳轉型，中國力爭讓二氧化碳排放於2030年前達到峰值[5]，力求2060年前實現「碳中和」。

這項宣示使中國「雙碳目標[6]」被端上檯面，也使得碳權交易、綠電在內的各項減排政策，有了更加具體的目標。

回顧2021年7月16日，中國全國碳排放權交易市場首筆交易以每噸人民幣52.78元成交。當時中國國家發展和改革委員會預告，碳價在2020年以後才會達到每噸人民幣200到300元，在此之前，企業無法感到真正壓力。

兩年半後的2023年12月，每噸的成交均價已經超過人民幣70元，市場普遍認為在不久的將來均價將突破80元。雖然尚未到達官方設置的「壓力線」，然而距離2030年的第一階段目標腳步接近，無形的壓力早已瀰漫在企業之間，鞭策著趕緊上路。●

> 🍃 **中國自願性碳市場**
>
> 2012年6月13日，中國政府發布《溫室氣體自願減量交易管理暫行辦法》，2015年全國溫室氣體自願減排交易市場（China Certified Emission Reduction, CCER）正式開始交易；但因缺乏計量與審計標準而於2017年關閉。2024年1月22日，中國的自願性碳市場恢復交易，允許所有企業都能購買碳權，而不限強制性碳市場所規範的行業。

5　二氧化碳排放量達到歷史最高峰，此後將依此高峰進行減排，進入碳排量逐步下降的階段，稱為「碳達峰」，為實現碳中和及淨零前的必要階段。
6　中國計劃於 2030 年前「碳達峰」，並於 2060 年達到「碳中和」，合稱「雙碳目標」。

韓國碳權供過於求
引進散戶挽救市場

文 **廖禹揚**
　中央社駐首爾特
　派員，歷任財經記
　者及編譯

　2024年初受到寒流及連日大雪影響，韓國中部及慶北內陸地區溫度降至零下15℃以下，最低紀錄甚至達到零下18℃；但前一年夏天，韓國才經歷過38℃高溫警報，首爾降下115年氣象史紀錄的極端強降雨，多人因此熱死、有人因此一家溺斃，宛如重現《寄生上流》電影慘劇。

　韓國是全球最仰賴石化燃料之經濟體之一，為藉由市場機制引導企業減排，避免極端氣候帶來的惡夢重演，韓國政府在2015年導入總量管制與排放交易機制，由政府設定溫室氣體排放總量，並發給排放許可證，碳排量高於配額者須在交易市場中購買碳權補足，有盈餘者則可出售持有碳權，否則將遭罰款，成為東亞第一個建立全國性碳權交易的國家。

　雖然韓國政府列管了近700家企業，但由於政府核准的排放配額約90%都是免費，粥多僧少，抑低市場價格。為改善低迷的碳市場，韓國計劃2024年推出連結碳排配額的指數投資證券（ETN），有望成為亞洲第一個向散戶投資人開放碳排交易的國家。

與歐盟碳價相差10倍　恐影響出口成本

　歐盟碳邊境調整機制（CBAM）自2023年10月開始試行，進口至歐盟的鋼鐵、水泥等國外產品都必須提報碳排數字報告；待2026年正式上路後，進入歐盟市場的外國產品碳排量若超過歐盟溫室氣體排放標準，必須額外繳交相對應的CBAM憑證。

值得注意的是，韓國目前約40%的電力來自煤炭，並誓言到2030年將這一比例減半，韓國國會更在2021年通過《氫經濟促進和氫安全管理法》，是世界首個制定氫能法的國家。

而身為韓國經濟命脈的大企業集團，包括三星、LG、現代、SK等各大企業也紛紛投資相關設備改善，以達成2050年碳中和的願景。

其中，以紡織業起家、1973年進軍石化行業，現已是韓國第三大財閥的能源與石化業巨擘SK集團，近年除了透過改名宣示旗下代表性的高碳排部門轉型的決心外，2023年9月，集團會長崔泰源進一步宣布蔚山石油煉化綜合工廠（CLX）的投資達到8.3兆韓元（約新台幣1,976億元），除既有投資6兆韓元外，新增約2兆韓元將用於綠氫、航空煤油生產等環保業務上，並宣示「為了保護生態系，我們的目標是能讓塑膠達到100%再生利用」。

大企業投入大量資金轉型、研發，從危機中尋求轉機；中小企業對於跟上世界環保潮流卻是困難重重。

身為歐盟第三大進口國，韓國對歐盟出口額中約7.5%的產品（以2022年進出口資料為基準）都必須在2024年1月底前完成碳排數字申報，但距申報截止僅約半個月前，仍有1,700多家業者大呼「連怎麼計算都不知道」，甚至連有這項制度都不清楚。

一家業者向媒體大吐苦水，指出申報資料必須列出生產產品期間使用了什麼設備、設備運作了多久等，光計算所需的excel表格就有3、4萬條，完全不知道如何準備起，「就算去聽政府舉辦的說明會也只是講講大概念，沒什麼幫助。」

也有製造鋼鐵產品的中小企業表示，國內大企業都有參與碳排量申報的經驗，但中小企業是連「碳排量申報」的概念都很陌生。就韓國中小企業中央會2023年10月對300家中小企業進行的調查，78.3%業者表示「不知道歐盟碳邊境調整機制是什麼」。

碳權價格低迷　擬推碳權指數投資證券

除大企業與中小企業之間的資訊取得及因應能力落差，韓國碳權市場交易冷清、碳權價格低落也是韓國政府的當務之急。CBAM正式上路後，為了避免歐盟產品與境外商品碳權價差造成的成本落差，進口至歐盟的產品必須以相對應的CBAM憑證補足這部分差距，也就是說，原產地國與歐盟的碳權價格差距愈大、企業出口產品時的負擔就可能愈重。

根據韓國交易所數據，2023年8月初碳權達到每公噸7,380韓元（約新台幣176元）的史上最低紀錄，只有一年前價格（2萬7,600韓元）的3成不到。

而以2023年底的碳權價格來看，韓國每公噸價格約8,000韓元（約新台幣190元）左右，歐盟每公噸則約為10萬韓元，價差超過10倍。在2026年CBAM正式上路前，韓國政府必須盡快提出能有效活化碳權市場、使碳權價格正常化的策略。

韓國的碳排交易系統目前只開放給企業排放源和一些中間商，專家分析指出，韓國政府對於碳權結轉[1]的限制可能是造成價格過低的主要原因，加上COVID-19（嚴重特殊傳染性肺炎）疫後陷入經濟沉滯，企業因景氣低迷、需求量下降而減少工廠活動，碳排量也隨之下降，比起購買碳權，更多的是盈餘碳權沒地方賣的企業，韓國政府甚至為穩定碳權價格，數次啟動市場穩定機制，強制規定碳權交易的價格下限。

且據首爾氣候團體Plan 1.5的數據顯示，從2015年到2022年，韓國前十大排放源（企業）出售近2,200萬噸多餘用不到的額度，賺進約3.57億美元（約新台幣108億）。政府核發排放許可量過高，完全破壞碳交易初衷之一的「汙染者付費」。

讓散戶參與是韓國為提振國內低迷碳市場努力的一環。韓國環境部氣

1　結轉：在一會計期間結束後，將某一帳戶的餘額或差額轉入另一帳戶，目的是計算當期成本或損益等。

韓國交易所大廳。（廖禹揚攝影）

候變遷與國際合作司司長李榮錫（Lee Young Seok,音譯）2024年3月初表示，環境部正與韓國交易所公司（KRX）及一些在地券商合作，盼於8月底前讓這類連結碳排配額的指數投資證券上市。

指數投資證券（ETN）是由證券商發行、有到期日且在證券市場掛牌的商品，投資人隨時可直接在證券市場買賣。ETN與指數證券投資信託基金（ETF）都是追蹤指數，意即ETN的價格會跟著指數漲跌、連動，報酬來源看指數表現。

李榮錫受訪時說：「我們先推出ETN，作為我們在後續推出ETF與期貨合約前，一個測試市場反應的機會。我們的目標是透過讓更廣泛的參與者在市場上交易來提高流動性，並以類似歐洲市場的方式運作。」

到目前為止，對碳權相關金融商品感興趣的亞洲散戶投資人只能追蹤歐洲的價格，因為歐洲的排放交易系統最為發達。歐盟的排放權交易系統大多以股票期貨為基礎，可讓投資者透過避險來管理價格波動。

為解決排放配額供過於求的問題，韓國計劃2026年開始減少配額總量，並提高強制購買比例，詳細計畫預計2024年底前端出。

韓國國會在2024年1月通過的《溫室氣體排放許可分配和交易法》修正案，開放碳權市場適用業種以外的第三方加入市場交易，例如券商等金融業者可以投資目的買賣碳權，希望藉此促進碳權交易更加活絡；修正法案也明定，免費配額比例必須根據國際社會因應氣候變遷採取的措施動向進行調整、不可高於前期比例。這項法案將在國務會議審議通過公告的一年後生效，實際效果有待觀察。●

2022各國碳排放量排名

單位：億噸／年　資料來源：EDGAR－GHG emissions of all world countries 2023 report

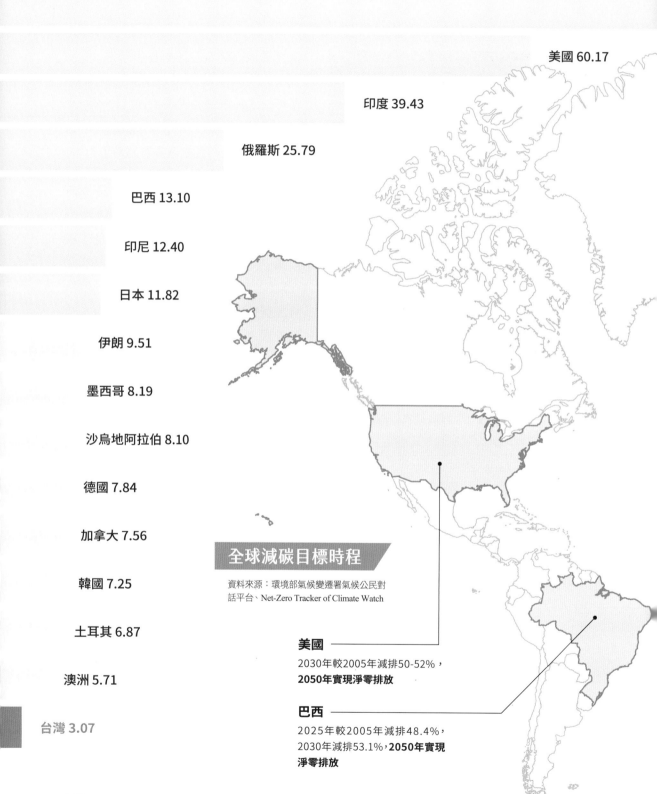

美國 60.17

印度 39.43

俄羅斯 25.79

巴西 13.10

印尼 12.40

日本 11.82

伊朗 9.51

墨西哥 8.19

沙烏地阿拉伯 8.10

德國 7.84

加拿大 7.56

韓國 7.25

土耳其 6.87

澳洲 5.71

台灣 3.07

全球減碳目標時程

資料來源：環境部氣候變遷署氣候公民對
話平台、Net-Zero Tracker of Climate Watch

美國
2030年較2005年減排50-52%，
2050年實現淨零排放

巴西
2025年較2005年減排48.4%，
2030年減排53.1%，**2050年實現
淨零排放**

中國 156.84

俄羅斯
2030年較1990年減排
70%，目標**2060年之前
實現淨零排放**

英國
2030年較1990年減排68%，
2050年實現淨零排放

中國
2030年碳達峰、**2060年
碳中和**，力圖實現「雙
碳目標」

歐盟
2030年較1990年減排55%，
2050年實現碳中和

日本
2030年較2013年減排46%，
2050年實現碳中和

韓國
2030年較2018年減排40%，
2050年實現碳中和

印度
2030年較2005年
減排45%，**2070
年實現淨零排放**

台灣
2030年須較2005年減
排24 ± 1%，逐步實現
2050年淨零排放目標

印尼
2030年較溫室氣體排放基線無
條件減排31.89%，有條件減排
43.2%，**2060年實現淨零排放**

碳交易的

28

堂課

輯三
布局自願性碳權

台灣在2023年通過《氣候變遷因應法》，給予以碳定價為核心的各種政策工具的法律授權。其中，能夠產生「減碳成效認證型碳權／碳信用額度」的自願減量機制即是其中之一；它的角色是碳費機制的配套措施，讓沒有受到碳費管制的排放源、可以透過得到碳權做為誘因而及早進行自願性減量。確保碳權交易的流動性，將是促進台灣碳定價機制減量成效的一個核心要素。為了讓想買的企業買得到、想賣的企業方便賣，更正式成立「臺灣碳權交易所」（TCX），為國內官方唯一指定的交易平台。在本輯中，除了我國碳交所的發展動態與上架商品介紹是著重的焦點內容外，亦就國際自願性碳權核發機制—GS及VCS進行介紹，讓讀者對於碳交易的脈絡能夠有更清晰的認識與理解。

導讀／劉哲良（中華經濟研究院能源與環境研究中心主任）

環境部、金管會
為企業減碳永續鋪路

文 張雄風

中央社綜合新聞
中心記者，主跑環
境部、氣象署

謝方娪

中央社政經新聞
中心記者，主跑金
管會

鼓勵企業、組織發展永續，落實減碳，必須有完整的法規、配套措施、指引等，才能引領企業一步步往淨零前進。環境部從前身行政院環境保護署開始，就陸續以各項行政規則，鼓勵企業主動降低溫室氣體排放，並不斷調整各項法規，導入碳權，與國際接軌。

金融監督管理委員會則是針對上市櫃公司打造「永續發展路徑圖」，從碳盤查到確信，依公司規模分階段執行，並透過金融投融資的力量，力拚讓總市值逾新台幣61兆元的上市櫃公司順利綠色轉型。

上市櫃公司永續發展路徑圖 資料來源：金融監督管理委員會

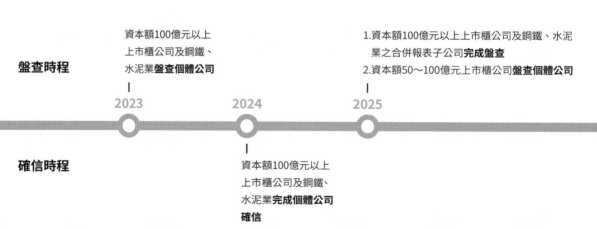

盤查時程	資本額100億元以上上市櫃公司及鋼鐵、水泥業**盤查個體公司**		1.資本額100億元以上上市櫃公司及鋼鐵、水泥業之合併報表子公司**完成盤查** 2.資本額50～100億元上市櫃公司**盤查個體公司**
	2023	2024	2025
確信時程		資本額100億元以上上市櫃公司及鋼鐵、水泥業**完成個體公司確信**	

法規與時俱進　導入碳權

環境部2023年10月12日發布《溫室氣體自願減量專案管理辦法》、《溫室氣體排放量增量抵換管理辦法》，同步推動溫室氣體的「自願減量」及「增量抵換」，宣告台灣進入碳排放有價的時代。

企業可依法申請「自願減量專案機制」，量化減量成果並轉換為發展措施資金，透過自願減量專案所取得的減量額度，也稱為「碳權」；而增量抵換則是用以鼓勵在事業執行開發行為範圍之外的減量措施，事業提出減量措施列為開發計畫的抵換來源。

環境部氣候變遷署長蔡玲儀說明，自願減量額度（碳權）用途較廣，未來可以在臺灣碳權交易所交易，供排碳大戶抵減碳費；自願減量額度與增量抵換最大的差異，在於增量抵換未經嚴謹的機制審核，因此只能用於開發案在環評抵換使用。

早在2010年，行政院環保署（今環境部）為發布多項規則辦法，鼓勵國內產業早期投入溫室氣體減量行動，推動碳排放的先期專案、抵換專案。環境部表示，從最初的「先期專案」、「抵換專案」，到現在的「自願減量額度（碳權）」及「增量抵換」，都是為了促進溫室氣體減量策

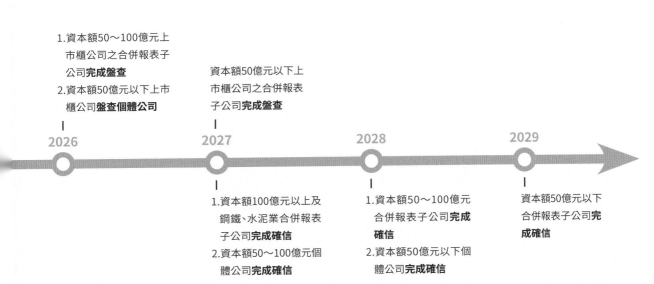

略，提供產業進行溫室氣體減量誘因，以降低未來更嚴格管制措施時可能造成的衝擊影響。

採用方法學　第三方查證嚴格把關

現行自願減量申請程序較為嚴格，要經過「註冊申請」與「額度申請」兩個階段。環境部氣候變遷署減量交易組組長蘇意筠說明，一般企業有意申請碳權，最初要先確認申請的領域是否有方法學，如森林碳匯等；接著申請者依方法學研擬自願減量專案計畫書，經查驗機構確證通過，再提交環境部審查，通過後即完成註冊。

「並不是註冊完就能取得碳權」，蘇意筠強調，註冊完成後就要依業者所提的計畫書執行專案並進行監測，並依實際監測結果計算減量績效、提出監測報告，且須經第三方查證，確認通過後才能取得減量額度；因此實際能取得碳權的時間，須視業者所擬計畫書的期程而定。

如以往被忽略的紅樹林、海草床及潮汐鹽沼等沿海植被等藍碳生態系，是有購買碳權需求的企業眼中的優質碳權。台灣目前尚無藍碳碳權，海洋委員會在2024年初完成台灣本土紅樹林及海草床的海洋碳匯「藍碳方法學」文件修訂，提交環境部審查。

自願減量可分為二大類型，「移除型」指的是可自大氣中移除或固定溫室氣體者，著重於自然基礎的措施，如造林、森林碳匯、海洋碳匯等；「減少或避免排放型」是減少直接由排放源排放溫室氣體至大氣者，著重於技術基礎的措施，如能源效率提升等。

提供多元抵換來源　鼓勵各界參與減碳

至於增量抵換的對象，則是規模達應實施環評的開發行為，且涉及增加溫室氣體排放量者，例如設立工廠且其年排放量達2.5萬公噸以上、園區興建或擴建、火力發電廠、汽電共生廠興建或添加機組工程（以天然氣為燃料或新設每部機組2.5萬瓩以下者，不在此限）及開發高樓建築等。

蔡玲儀表示，《溫室氣體排放量增量抵換管理辦法》中提供了多元的抵換來源，擴大各界參與減碳，如汰換老舊汽機車、農漁民經農業部補助汰換機械，或企業與學校、社區等機構合作汰換空調、照明設備等都可作為開發行為的抵換來源。

開發行為進行增量抵換，必須以每年溫室氣體增量10%的抵換比率連續執行10年，也可以每年抵換超過10%，提早完成抵換。若開發單位應抵換卻未依辦法進行抵換，可處新台幣10萬至100萬元罰鍰，並限期補正，若未補正得按次處罰。

增量抵換辦法實施後，截至2023年已執行的包含新竹科學園區竹科管理局參與媒合汰換老舊機車、台北市信義區高樓建築開發計畫透過汰換625家超商燈具減碳；經濟部水上、中部、北高雄、新市產業園區等開發案，擬於2024年開始參與老舊機車汰換。

為上市櫃減碳定錨　金管會端永續發展路徑圖

2023年10月，金管會派員赴馬來西亞參與經濟合作暨發展組織（OECD）亞洲公司治理圓桌論壇，台灣永續揭露及政策表現受到評比肯定，不少國家紛紛探詢，希望向台灣取經。

企業減碳進程勢必左右未來資金走向，金管會肩負督導上市櫃公司職責，於2022年3月首發布「上市櫃公司永續發展路徑圖」，分階段要求上市櫃公司進行碳盤查及確信、對外揭露碳排放資訊，並鼓勵非上市櫃公司自願進行碳盤查。

金管會在路徑圖明定，自2023年至2029年期間，上市櫃公司須按實收資本額大小分階段完成碳盤查及確信。金管會首階段鎖定資本額逾百億元上市櫃公司外，亦特別點名「排碳大戶」鋼鐵及水泥業入列，個體公司必須在2023年完成碳盤查，2024年完成確信。

第二階段擴展至資本額50億元以上但不到100億元的上市櫃公司，必須依時程完成碳盤查及確信，第三階段推進至資本額未達50億元的上市櫃

ISO國際標準

溫室氣體盤查標準

以企業或組織為架構，盤查溫室氣體排放之規範

產品碳足跡標準

評估和報告產品碳足跡的方法，目的是幫助組織評估產品生命週期內產生的溫室氣體排放

能源管理系統

建置能源管理系統的標準，目的是協助組織管理並節約能源，降低成本及溫室氣體排放量

資料來源：英國標準協會（BSI）

公司，最終目標為全體上市櫃公司（包含子公司）於2027年全數完成碳盤查，2029年完成確信。

金管會表示，上市櫃公司碳排放資訊將揭露於股東會年報及永續報告書中，供投資人參考，且上市櫃公司不僅要揭露個體財報範圍碳排放量，最終合併財報子公司碳排放量均須揭露，碳排放定義則包含直接排放及能源間接排放在內。

串聯上下游　引導非上市櫃公司進行碳盤查

金管會指出，分階段要求上市櫃公司揭露碳排放資訊，包括合併報表子公司碳排放在內，是希望上市櫃公司串聯上下游供應鏈、引導非上市櫃公司一同進行碳盤查，發揮以大帶小效益。為鼓勵上市櫃公司及早揭露碳排放資訊，金管會亦決定將企業減碳目標、策略及行動計畫納入公司治理評鑑指標中。

除了敲定碳盤查及確信時程表，為讓企業有能力進行碳盤查，金管會、臺灣證券交易所及證券櫃檯買賣中心總動員成立諮詢小組，作為即時回應企業疑難雜症的窗口，並在網站提供永續路徑圖、法規及問答集、製作溫室氣體宣導影片等資源，協助企業解決減碳焦慮。

金管會表示，「上市櫃公司永續發展路徑圖」適用對象為上市櫃公司，若為環境部納管事業，例如工廠等，則回歸環境部規定辦理。考量有上市櫃公司部分營運據點為工廠，為減輕企業負擔，此類上市櫃公司公告碳盤查及確信資訊時，金管會准許企業直接引用依環境部規定的碳盤查及確信結果。

防漂綠　須經合格第三方確信機構確信

為求資訊真實性，金管會明定上市櫃公司碳盤查應遵循溫室氣體盤查議定書（GHG Protocol）或國際標準組織ISO 14064-1標準，透過溫室氣體組織邊界設定、排放源鑑別、活動數據蒐集、排放量計算及彙整排放量等作業程序，計算公司碳排放總量。

另一方面，金管會同步要求上市櫃公司碳盤查資訊，必須應經合格第三方確信機構確信，依國際溫室氣體確信標準ISO 14064-3或ISAE 3410進行確信並出具意見書，確保資訊可信性。截至2024年3月31日止，證交所網站已公告21家合格溫室氣體確信機構。

以金融投融資力量　驅動企業綠色轉型

根據COP28全球氣候融資框架領袖聲明，為實現氣候目標，全球至2030年每年應投資5至7兆美元資金驅動經濟轉型，其中又以金融市場資金為主要來源。金管會自2017年起陸續推動3版綠色金融行動方案，2022年進一步督導國內金控成立永續金融先行者聯盟等措施，就是希望透過金融投融資，推動企業減碳。

舉例而言，當企業碳排量大，又沒有訂定明確減碳目標或積極展開減碳行動，在永續當道下，未來將可能愈來愈難向銀行融資。銀行也可透過資金力量，協助企業邁向綠色轉型。

面對2050淨零目標，金管會透過綠色金融、訂定上市櫃公司碳盤查及確信時程表、輔導企業建構碳盤查能力、政策面為企業減輕負擔、督導證交所建立碳權交易所等，5路並進為上市櫃公司永續鋪路。　●

邁向碳管理
台灣碳資產傳遞正確碳知識

文 田瑞華

中央社資訊中心
副主任編輯，曾任
網路組、出版組
組長

「我們從來不會神化碳權，一間公司一定是從減量開始。」提供企業永續顧問服務的台灣碳資產公司，在臺灣碳權交易所成立後，面對大量來自產業界的諮詢電話，已應接不暇。總經理劉德安受訪時開宗明義地說，「在台灣，普遍缺乏碳知識。」

碳有價時代來臨　企業從無視到正視

「大部分的企業，尤其是中小企業，對於什麼叫做減量、減碳、碳權？什麼是CBAM（歐盟碳邊境調整機制）？基本上還是不太了解。」面對2023年國內突然沸沸揚揚的碳交易議題，劉德安說，中小企業更關注的其實是未來會不會被收取碳費、要不要購買CBAM憑證等實際問題。

觀察十多年來產業界對減碳議題的態度變化，他分享，2015年以前，如果提到碳中和、碳權，很多人的反應是「那是騙痟仔」。2015年《巴黎協定[1]》通過後，全球提倡淨零碳排、永續路徑發展，產業界對碳權議題的意識才開始萌芽，但也是從財務獲利的角度，「想說有一些碳權可以賺大錢，那要成為早期投入者！」

他指出，整體市場態度開始有明顯的分際變化，應是2020年過後。因為CBAM的規定逐漸準備上路，有些企業才開始意識到「碳是有價的，它

---

1 《巴黎協定》（Paris Agreement）：聯合國氣候變化綱要公約締約方第 21 次會議（COP21）通過之協議，主要目標是「以工業革命前的水平為基準，將全球平均升溫控制在 2°C內」，並致力以升溫幅度 1.5°C為上限。

不再是免費了」。

有趣的是，這時又出現兩派看法，一種認為「這是國家級、國際級的騙局，要聯合騙民眾的錢」，導致中小企業普遍還是非常抗拒；另一種則是像台達電與台泥這樣的先進者，提早開始積極轉型。

會有這樣的態度轉變與差異，劉德安分析，其實是因為台灣整體的淨零轉型路線大幅落後國際，導致觀念落後與缺乏正確知識。碳交易機制起自1997年的《京都議定書》，2005年歐盟成立全世界第一個排放交易體系（European Union Emission Trading Scheme, EU ETS），但台灣因為不是聯合國成員，以致走得很慢。到2021、2022年，隨著歐盟提出CBAM，進口商須購買相對應的CBAM憑證，產品才能進入歐盟；台灣政府也提出要收碳費，很多企業才開始正視永續經營規畫。

既使在當前階段，還是常常要花時間和客戶溝通觀念，「讓客戶有新思維」，劉德安說，例如要向「強調自家產品不外銷」的客戶說明，「如果你的客戶是要外銷的公司，你也會受到影響，你也要（碳排）減量，這才是能不能持續接到訂單的關鍵。」或協助客戶做碳管理時，要解釋是在做碳的生命週期管理，從一開始的排放到控制，最後才是碳的有價化。

與客戶溝通觀念耗時也不保證結果，但劉德安語氣肯定地說，「我們唯一的信念是，當有一個客戶、兩個客戶、三個客戶，他們願意相信我們的時候，就有可能做成生意。沒辦法馬上變成生意時，至少我們傳達正確的知識或資訊給他，這也是我們的社會責任。」

碳管理眉角多　助客戶把關淨零計畫

台灣碳資產輔導的客戶主要有傳統製造業、金融業或農業，協助客戶先進行排碳減量，能源轉型與數位轉型，之後才是規劃購買碳權以實現碳中和或創造更多社會價值。劉德安進一步解釋，在碳權的選擇上，「也是要看客戶適合什麼，不一定都採用自然碳匯」。如果是製造業，會先協助客戶做好工廠的排碳減量，申請碳排減量的碳權（例如環境部自願減量專

台灣碳資產總經理劉德安出席2023年國際碳權交易趨勢論壇。（台灣碳資產提供）

案），進而才思考是否投資自然碳匯；如果是沒有工廠、以服務為主的金控業，也會從組織型減量，例如能源轉型、交通出勤的改變、或是協助金融客戶來執行淨零轉型，降低金控業的範疇三，若進一步想參與社會責任，就是投資自然碳匯，以符合ESG要求。

而經過COVID-19（嚴重特殊傳染性肺炎）疫情之後，許多台商移往東南亞如越南、泰國與印度等國家發展，台灣碳資產也開始思考實質布局海外，協助台商或國際企業在東南亞實踐整體的碳管理。

劉德安表示，一些台企在東南亞國家會與當地政府合作取得碳匯或碳權，但因為缺乏相關碳知識，便委託台灣碳資產協助了解在當地簽定的碳權項目或投資森林碳匯的合法性，以免在海外遇到詐騙。

魔鬼藏在細節裡。劉德安舉一個典型案例說，一個在東南亞的客戶經當地政府邀請，資助一片公有林地，說未來可取得碳權。但經過台灣碳資產協助檢視發現，客戶簽定的是公有林地「認養合約」，而國有林地的認養合約被視為是捐贈行為，並不符合碳權必須具「外加性」的條件，像是要具有再植林及後續的森林經營等作為，所以這個資助案將來無法取得碳權，「等於他白白被騙了，只能繼續認養，無法將認養轉碳權」。再進一步了解細節，客戶說當地政府承諾會依據認養碳權份額提供給企業，但實際檢視發現，雙方並沒有簽定有關碳權讓渡的合約，「都只是口說而已」。

隨著愈來愈多企業在東南亞投資碳權或碳匯開發項目，劉德安預估，有沒有第三方或專業機構能幫台商進行碳權投資內容的驗證或查核，將會是新興議題。

而在這種新興且專業的領域裡，如何為客戶做好專業把關？他以自身經驗說明，首先，外語能力很重要，「我們的新進同仁基本上多益英語測驗（TOEIC）如果沒有750分，可能就不用入職。」其次，要經常去了解聯合國氣候變遷專門委員會（IPCC）、Verra、GS、各碳交易所的公開訊息；台灣碳資產和新加坡、中國或幾個海外主要交易所有建立溝通管道，也可藉此獲取第一手資料；或是從國外的論文、報導掌握最新訊息。

這些開展到工作日常裡的樣貌，就好比劉德安每天早上大約6時30分起床後上班前，會先到Carbon Credits與華頓知識在線（Knowledge at Wharton）網站快速了解世界局勢發展、國際碳權市場與ESG的相關訊息；公司會要求團隊成員「分組去盯不同的國家」，掌握如歐盟、馬來西亞、印尼、中國、日本、韓國與澳大利亞等主要國家的現況發展。

綠能事業的初心　為地球也為台灣做事

台灣碳資產從一間公司逐漸發展成綠能資產與提供綠色服務的集團，一步步落實低碳生活、邁向碳管理與實現碳中和的理念。回顧公司的創立，卻是從一個很平凡的小故事開始。

劉德安分享，公司的創辦人兼董事長張三河其實是職業軍人出身，在軍中為了自修加強英文，便在網路上自行找原文資料來讀，無意間讀到了《京都議定書》，發現「全球原來有這麼重要的事情！」，還有碳交易與能源轉型等等，種下了他日後退伍、於2009年創業的種子。

「當有一天你可以為地球做一點事，為台灣做一點事，你還能賺錢，這份工作也會對大家都有益。」張三河以這番話打動劉德安從科技業轉換跑道加入ESG永續服務事業，這份初心影響了劉德安，如今也跟著劉德安與團隊同仁的步伐，散播到海內外的各行各業裡。●

臺灣碳交所首批碳權來源
GS以多元永續目標著稱

文 田習如
　中央社駐布魯塞
　爾主任記者

　　在自願性碳市場的各家碳權發行機制中，「黃金標準」（Gold Standard, GS）最大特色是它的減碳專案（或稱氣候專案）不只計算二氧化碳排放減量成效，還納入其他環境永續目標。它被認為審核較嚴謹，也是臺灣碳權交易所首批上架碳權的合作來源。

減碳專案納入永續指標

　　GS是2003年由老牌環保團體世界自然基金會（World Wildlife Fund, WWF）為首的一群非政府組織所創立，總部與WWF同樣設在瑞士，並受到聯合國氣候變化綱要公約（UNFCCC）、歐盟旗下氣候創新社群Climate-KIC、德國、瑞士及盧森堡政府，以及世界銀行（World Bank）、美洲開發銀行（BID）、投資銀行高盛（Goldman Sachs）等機構支持。

　　截至2023年中，GS共發放2億6,600萬公噸二氧化碳當量（CO_2e）的碳權，來源是在逾100個國家執行的2,996個氣候專案。其中占比最高是亞洲（9,820萬CO_2e），次為非洲（3,620萬CO_2e）。

　　取名「黃金標準」明白凸顯企圖心，官網上陳述它追求「氣候+」（Climate+）的宗旨：氣候行動不能只看一個面向，除了減少碳排，相關計畫還必須能帶來有意義的永續發展好處。

　　該機構根據聯合國「永續發展目標」（SDGs）開發出一套估算「共享

價值[1]」（shared value）的標準，讓通過其機制審核的氣候專案除了擁有碳權，還能評估帶來多少社會性利益。

例如風力發電專案，每創造一單位碳權的同時，也節省了19美元的進口石化燃料費用、興建和營運風電場帶來經濟效益2美元、因減碳而減少的社會成本65美元，合計每單位共86美元的共享價值。

再如占它案量最多的環保爐灶計畫，在創造一單位碳權的同時，也帶來因減碳而減少的社會成本65美元、減少森林砍伐耗竭的價值9美元、減少燃料花費和增加就業機會的社會價值84美元、降低呼吸道疾病和致死案件的價值63美元等，總計267美元的共享價值。

根據GS在2014年發布的一份影響力評估報告，其在中國四川省麻咪澤自然保護區推行的省柴爐灶專案，較原本居民煮食模式節省50%至70%的木柴；另一個在雲南的類似計畫則大幅降低人體呼吸道健康殺手PM2.5排放，此外還因節省一家人每天花在收集木柴的一半時間，每年多出433小時可做其他工作；由此而得以保存的每公頃森林，也帶來相當於每年35萬美元的生物多樣性效益。

換言之，GS試圖將各項聯合國SDGs轉成可以金錢量化的指標，並設下2030年前創造共享價值1,000億美元的目標，累計到2023年中已410億美元。

上架規範嚴但爭議仍多

雖然GS自豪「氣候+」模式讓企業購買它的碳權時，除了有助於實現碳中和，還可帶來更多永續利益，不過它的評估報告也坦承計算方式難免疏漏，外界亦不乏批評，甚至還可能因為更重視其他永續指標而使其減碳效益受質疑。

英國《金融時報》（Financial Times）在2023年11月的一篇報導便指

---

1 共享價值：美國經濟學家麥可·波特（Michael E. Porter）於2011年提出「創造共享價值」（Creating Shared Value, CSV）的概念，指的是企業在創造經濟價值的同時，也解決社會的問題。

風力發電是GS主要上架的氣候專案之一。圖為彰濱工業區的風力發電站。
（Ricky kuo/Shutterstock.com）

出，有科學家懷疑環保爐灶的碳權計算，是基於多少樹木因此不會被砍倒而能吸收二氧化碳的假設，但爐灶的實際使用率卻難以監看。

GS公關溝通部門主管巴蘭泰（Jamie Ballantyne）向《金融時報》回應，「碳權不是你可以觸摸到的東西，它們是基於信賴」，因此該機構花費極大努力查核證明他們所宣稱的效益確實發生。

臺灣碳權交易所董事劉哲良受訪時表示，在各家獨立核發碳權的國際機

構中，GS算是規範較嚴、要求較多，申請上架氣候專案較困難的一家。這包括申請案至少要能產生3項聯合國SDGs效益，並且要經第三方查證機構確認所指稱的SDGs項目確實被執行，才能通過GS機制核發碳權，因此公認碳權品質較高。

他比喻，GS對減碳專案的要求比較像是「有機農作物」，執行專案不能只求快速減少碳排，還要盡可能落實永續目標，所以它的專案通常比較耗時，或者需要比較高的成本。

買碳權三方式：網購、投資組合、找開發者購買

至於如何購買透過GS機制核發的碳權？有3種方式，第一是直接網購，在它的網路平台註冊開戶，到「專案市場」點選喜歡的專案、線上付費、線上取得碳權。

第二是建立「氣候+」投資組合，可投資多個專案，單次購買量超過1,000單位的碳權，還可享有折扣。

第三種是自行連繫公開在GS機制登記名單上的專案團隊，直接向專案開發者購買碳權。

臚列在GS官網的待售專案，像是為烏干達的學校等機構安裝新爐灶，每噸碳權26美元；在印度西岸安裝風力發電機組，每噸碳權10美元；為柬埔寨家庭提供陶製淨水器，每噸碳權16美元等。

當GS的帳戶收到購款後，被買走的碳權量就會在公開的登記上註銷（Retirement），以確保他人不會重覆用到此碳權，註銷證明也會寄給買家。款項的85%將交給專案開發者維持或擴大計畫，15%則用於稅費等行政支出。

劉哲良分析，直接網購，也就是零售平台方式有兩個局限，一是可選擇性，若想購買特定類型的碳權，而剛好該平台在那個時間點上沒有，就會買不到；二是零售等於買斷，那些碳權不能再轉賣。

臺灣碳交所從黃金標準資料庫找專案

臺灣碳權交易所第一批上架的碳權就是來自GS，劉哲良解釋雙方的合作方式，其實就是碳交所透過GS的資料庫去尋找適合專案，再直接詢問該專案開發商是否願來台灣上架。

環境部次長施文真說明，「環境部對碳交所上架的產品有提供一些篩選準則，碳交所也會自行評估上架碳權商品來源的碳抵換計畫（即前述所稱減碳專案），這些都是為了確保碳交所上架產品的環境完整性，以鼓勵國內企業到碳交所購買國外的減量額度。」

因此，臺灣碳交所上架的產品不會因專案已通過GS而不再把關。企業在臺灣碳交所購買碳權，可不用再去GS開戶，省下註冊費。但若專案在GS平台和臺灣碳交所同時上架，碳權交易價格不一定會相同。

獨立機制與專案所在國進入磨合期

像GS這類獨立國際碳權機制將會面對的一個新挑戰，就是與減碳專案所在國家的重覆計算問題。《金融時報》報導，2023年10月盧安達決定不與GS重覆計算一批市價約32.7萬美元的5萬4,000噸碳權，換句話說，盧安達政府將不會把這批碳權算進自己的二氧化碳減排達標量，而是讓給GS。

劉哲良解釋，早期國際上鼓勵自願性減碳市場機制，所以例如風力發電商在某國興建風機，運轉發電後的減碳成效自然算進該國成績，但若業者拿去國際獨立機構申請得到碳權，等於將減碳成效賣出去，大家也不會特別糾結重覆問題。

但聯合國正在為全球碳交易機制設定新規則，包括要求調整這種重覆計算問題，稱為「相應調整」（Corresponding Adjustment），也就是被賣掉的碳權不能算進所在地的國家減量成效裡。

另一個挑戰則是所在國要「抽成」。據彭博新聞社（Bloomberg）

2023年7月報導，GS暫停了在辛巴威執行的碳權專案，因為該國政府宣布打算將這些碳權交易的收入抽走一半。

辛巴威是非洲繼肯亞、民主剛果共和國之後的第三大碳權供應國，GS在當地約有20個專案。有了辛巴威帶頭，尚比亞和馬拉威的官員也向彭博表示對「抽成」很有興趣。

對此情勢，GS只能呼籲各政府，應思考什麼樣的政策才能「為氣候行動帶來正向投資及永續發展」。 ●

核發大宗森林碳權
VCS全球市占率最高

文 陳亦偉

中央社國際暨兩
岸新聞中心編譯
組組長,歷任國內
新聞中心司法、黨
政記者、組長、副
主任

氣候危機步步逼近,碳權、碳中和、碳交易等名詞近來成為熱門詞彙,其中自願性碳市場(VCM)的碳權(Carbon credits)認證與碳抵換交易,是今後無論企業、非營利組織、個人必須了解的新門道。

碳排放變有價,以交易金額而言,歐盟排放權交易系統(EU ETS)2024年初是全球最大的碳交易市場,2023年金額達到約7,510億歐元(約新台幣25.3兆)。歐盟負責氣候議題的執委胡克斯特拉(Wopke Hoekstra)說,「我們將著手大力幫助世界上一些對EU ETS有興趣、或對類似機制有興趣的國家。目標是讓全球出現更多碳市場,從而最終將各個碳市場連結起來。」

在歐盟以外,中國、英國與美國加州都已有正常運作的碳交易市場。然而因這些市場之間無論在設計、涵蓋領域乃至碳價等方面都有差異,想將這些市場相互連結並允許各國據此展開碳交易,目前幾無進展。

自願性碳市場　VCS在全球使用最廣泛

自願性碳市場是在國家總量管制與排放交易外,排放源直接投資特定減碳計畫,透過減量的成效後取得碳權,計量單位為每噸二氧化碳當量(CO_2e),是人類歷史上首次將抽象環境概念轉化為經濟上可具體定價的金融商品。需要碳中和的單位或企業,可向中介商或透過國際間不同獨立交易平台購買。

　　但因為「碳」看不見、又摸不著、沒有實體交易,全世界都還在摸索遊戲規則,此時碳信用額度認證機制成為最大關鍵,而隨著國際自願性碳權市場逐漸嶄露頭角,企業端為了避免漂綠嫌疑,偏好的碳權來源也開始產生差異化。

　　在自願性碳市場裡,碳信用額度認證與核發計有聯合國清潔發展機制(CDM,已不接受新案)、國際民間認證機構、區域或國家主管機關3條途徑。三者中以國際民間認證機構涵蓋面最廣,最主要的4個機構為分別為:一、碳驗證標準(Verified Carbon Standard, VCS);二、黃金標準(Gold Standard, GS);三、美國氣候行動儲備方案(Climate Action Reserve, CAR);四、美國碳註冊登記(American Carbon Registry, ACR)。其中又以VCS在自願性碳市場所占份額超過60%,成為全球使用最廣泛的認證機制。

　　VCS是由國際碳排放交易協會(IETA)、氣候集團(Climate Group)與世界經濟論壇(WEF)於2005年共同擘畫,現由非營利組織Verra運營。VCS發出的認證裡47%與森林碳權有關,即核發REDD+[1]類型碳權為主。

　　VCS多年來已為諸如蘋果(Apple)、古馳(Gucci)等國際企業採用,購買用來抵銷諸如搭飛機、生產運營等活動所產生的碳排。據Verra的官網及碳權資訊網站Carbon Credits.com顯示,負責VCS運營的Verra已有超過1,800件VCS認證通過的減排計畫,合計減少/移除超過10億噸溫室氣體。

　　不過,作為自願性碳市場一大碳權認證機制,VCS並沒有碳權交易平台,因此須上架至其他平台交易,而不像有兼營交易平台的GS,只要上GS網站搜尋欲購買的碳權類型就可買到GS核發的碳權。

1　REDD+ (Reduced Emissions from Deforestation and Forest Degradation),即減少濫伐與森林退化造成的溫室氣體排放。

認證所費不貲　VCS適合台灣企業嗎？

中華經濟研究院能源與環境研究中心指出，在自願性的碳信用機制裡，在台灣執行的專案所創造的減量成效無法向聯合國清潔發展機制（CDM）申請取得認證；因此台灣減排案場能申請的國際認證機制主要是由國際獨立機構所建立的相關碳標準，當中又以VCS與GS為主。

若想申請VCS認證，VCS提供註冊系統Verra Registry，第一步是選擇合適自身項目認證的方法學（methodologies）；第二步是申請者開設VCS帳戶，說明想供認證的專案項目，包含森林所在位置、起始日期、碳排所有權等，供VCS公開資料庫建檔追蹤；第三步是選擇查驗單位；第四步是對項目內容進行查驗，申請者須執行監測計畫，記錄減排項目數據，請查驗單位驗證；第五步是當項目通過後，申請者就拿到名為「經認證碳單位」（VCU）的減量額度（credit），每一噸核發的VCU都有編號，可拿到碳交易市場販售。

但申請VCS認證費用不低，開設帳戶就須先繳交500美元保證金，之後每年帳戶維護費500美元；排入開發清單後須繳1,000美元，要求註冊審查需2,500美元，通過審查核發額度後，每單位VCU須繳0.2美元。

2008年，國內紙業大廠就向VCS申請、並取得碳權資格，成為台灣第一家有申請國際碳權實戰經驗的業者。而中華經濟研究院能源與環境研究中心也舉出兩個台灣案場成功申請VCS認證範例，一是由瑞士的南極碳資產管理公司（South Pole）與嘉南實業公司共同於台南縣（今台南市）合作開發的西口水力發電廠減碳專案（Hsikou Hydro Power Project），於2009年10月完成VCS確證工作，算是台灣很早就透過VCS標準認證的再生能源專案，並可在國際市場交易的VCUs碳權。

二是新北市八里掩埋場的沼氣回收再利用減量專案，以再生能源發電方式減少溫室氣體排放，取得VCS認證，是台灣最早通過VCS認證的政府機關執行減排計畫之一。

在亞馬遜雨林有許多REDD+專案碳權項目。（Valentin Ayupov/Shutterstock.com）

雖然台灣期望與國際接軌，採用VCS執行國內減量計畫是可行途徑，但仍受限費用不低、方法學領域差異、台灣缺乏具備查驗資格的在地查驗機構等因素，很多案場計畫最後沒有申請認證，但包括零碳美妝品牌歐萊德、台灣中油公司、奇美實業都曾購買VCS認證的碳權。

避淪碳殖民主義　須修正碳交易機制漏洞

交易市場危機四伏，獨立機構的公信力也屢遭質疑，2023年1月，英國《衛報》（The Guardian）、德國《時代週報》（Die Zeit）及非營利新

聞機構Source Material共同對Verra的項目進行為期9個月的科學分析，發現Verra批准的29個項目中，只有8個經分析後可得出森林遭砍伐量明顯減少的實證，其餘均不明。《衛報》等機構的結論是，當中94%的雨林保護項目碳額度根本都不該核准；另據一份劍橋大學2022年的研究分析，Verra的雨林保護計畫中的森林所受威脅平均被誇大400%。

當時Verra回應，《衛報》等機構是基於2個不同小組的3份報告做出的綜合推斷，但使用的卻是有別於Verra的方法學評估少數項目，導致極大偏差。不過之後，擔任Verra執行長15年的安托尼奧利（David Antonioli）在2023年6月下台，Gucci也因此撤下碳中和聲明。

路透社引述綠色和平組織（Greenpeace）指出，一些所謂碳抵換計畫相關的造林樹種易招致火災，如此森林反淪為碳排源而不是吸納碳排的碳匯（carbon sink）。

英國《金融時報》（Financial Times）一篇社論指出，自願性碳市場近年被揭露一些碳抵換專案減碳量不實。例如宣稱可封存多少碳，但技術上根本還沒落實，或聲稱保護多少面積森林免於砍伐，但這片森林本來就不存在濫伐威脅。社論也認為，碳交易機制有可能扭曲為富國刻意拉高碳排以催生新的碳抵換保護項目、窮國只能種樹永遠無法產業升級，淪為「碳殖民主義」。

彭博新能源財經（Bloomberg NEF）指出，若能修補市場機制的漏洞，碳交易市場仍有達到1兆美元的潛力。彭博新能源財經永續研究主管哈里森（Kyle Harrison）也強調市場信任的重要性。他說，「如果買家不能相信他們所購買的碳權，還得冒著挨罵洗綠的風險，碳市場將永遠無法發揮潛力。」●

歷屆COP大會重點回顧

1994年，150個國家在聯合國總部通過「聯合國氣候變化綱要公約」(UNFCCC)，在此框架下，開始每年舉辦「聯合國氣候變遷綱要公約締約方大會」(Conference of the Parties of the UNFCCC, 簡稱COP)，又稱氣候變遷大會、氣候高峰會，匯聚各國領袖、專家學者、企業等，共同討論如何遏止氣候變遷。

COP3 1997

制定《京都議定書》，已開發國家承諾，相較於1990年排放規模，將在2008年至2012年期間，減少6種溫室氣體排放

COP11 2005

《京都議定書》正式生效

COP16 2010

· 設立綠色氣候基金（Green Climate Fund）
· 締約國共識目標控制全球升溫不超過2°C

COP21 2015

通過《巴黎協定》（取代《京都議定書》），締約國須每五年審查一次減排貢獻；承諾全球升溫不超過2°C，並努力控制在1.5°C內

COP26 2021

通過《格拉斯哥氣候盟約》，明確表述減少使用煤炭

COP27 2022

同意設置「損失與損害基金」

COP28 2023

決議「能源系統轉型以擺脫化石燃料」

1. **碳中和 (Carbon Neutrality)：**
   在特定時間內，透過使用減量成效認證型碳權（減量額度／碳信用）來抵銷、補償組織、產品或活動過程所產生的二氧化碳排放量，而達到碳排放量與移除量平衡的狀態。

2. **淨零 (Net Zero)：**
   特定時間內，達成溫室氣體排放量與移除量相等、而令淨排放量為零。

3. **碳達峰 (Emission Peak)：**
   二氧化碳排放量達到歷史最高峰，此後將依此高峰進行減排，進入碳排量逐步下降的階段，為實現「碳中和」及「淨零」前的必要階段。

4. **碳定價 (Carbon Pricing)：**
   為二氧化碳制定一個價格，將溫室氣體排放至大氣中所造成的損害成本與排放行為進行連結的一種作法。實務上開展出的碳定價形式主要可分為4種：總量管制排放交易、碳抵換機制、碳稅費、內部碳定價。

5. **碳稅 (Carbon Tax)：**
   碳定價的方式之一，由政府直接為二氧化碳排放量決定一個固定價格（稅），並以公噸作為計價單位。政府針對燃料使用量或排放量課徵稅額的作法即為碳稅，碳稅不僅能帶來減碳的效益，還能為國庫帶來稅收，該稅收不需受限於減碳用途，能廣泛用於社會發展、福利與基礎建設。

6. **碳費 (Carbon Fee)：**
   為台灣依據《氣候變遷因應法》所推動的碳定價形式之一。以列管事業的排放量做為課徵標的，而在支出用途上，則必須專款專用於氣候變遷相關事務。支用上的專用性質，為與一般碳稅機制最大的不同之處。

7. **內部碳定價 (Internal Carbon Pricing, ICP)：**
   以公司為主體，在內部執行碳定價措施者稱之。目前實務上開展出主要形式包含：影子價格、隱含價格、排放抵換、內部碳費、內部碳交易等。

8. **總量管制與排放交易 (cap and trade)：**
   由政府擇定列管的排放源，設定總排放上限目標，並將允許排放的總量以排放權／排放許可 (Carbon Allowance) 的形式核發給列管對象；當列管對象持有的排放權數量低於特定管制期間的排放量時，可於交易市場上向其他持有排放權者購買，以滿足法遵要求。

9. **碳抵換 (Carbon Offset)：**
   又稱碳抵銷、碳補償，指的是企業可以藉由購買其他組織的溫室氣體減排或移除成果所產生的減量額度 (Carbon Credit)，來抵銷、補償自身排放量對環境所造成的影響、或是不同利害相關者所要求承擔的責任。

10. **排放權／排放許可 (Carbon Allowance)：**
    又稱排放配額，為總量管制與排放交易機制下產生的碳權，可在強制性碳市場中交易。

11. **減量額度 (Carbon Credit)：**
    又稱碳信用、碳抵換額度，俗稱碳權，為組織執行減量專案所獲得的碳權，可在自願性碳市場中交易。

12. **強制性碳市場 (Emissions Trading Scheme, ETS)：**
    在總量管制與排放交易機制之下，政府核發排放權 (Carbon Allowance) 給受管制排放源，強制受管制對象根據其需求進行買賣，以達到國家的減量目標。交易此種額度的即屬於強制性碳市場，大部分的強制性碳市場並不互通。

13. **自願性碳市場 (Voluntary Carbon Market, VCM)：**
在總量管制與排放交易機制之外，其他非受管制的排放源可自願執行減量專案並獲取減量額度（Carbon Credit）。而交易這些自願性減量額度的市場，即為自願性碳市場。

14. **碳洩漏 (Carbon Leakage)：**
當特定國家、區域執行較嚴格的氣候政策後，受管制對象因碳成本上升而移動至其他管制較寬鬆區域，或選擇不自己生產而進口其他國家商品，導致碳排放量在不同區域間移動、但全球總量不一定下降的現象。

15. **碳邊境調整機制 (Carbon Border Adjustment Mechanism)：**
歐盟為了防堵碳洩漏問題，建立碳邊境調整機制，要求高碳排產品進口至歐盟時，須購買CBAM憑證以平衡雙方產品所承擔的碳成本；若生產商已在原產國支付碳費，得申請抵減憑證。

16. **溫室氣體盤查 (Carbon Footprint Verification)：**
即碳盤查，指的是企業蒐集、計算其營運過程中直接、間接排出的總溫室氣體排放量的方法。盤查主要可分為3種：組織型（ISO 14064-1）、專案型（ISO 14064-2）及產品型碳足跡（ISO 14067），透過碳盤查，企業可釐清自身的總排放量，並擬定減碳的方針。

17. **碳足跡 (Carbon Footprint)：**
企業、產品或個人在其生產過程或消費活動中釋放出的溫室氣體排放總量。

18. **碳足跡標籤 (Carbon Footprint Label)：**
又稱碳標籤、碳足跡標章。標示一項產品（含服務）生命週期產生的溫室氣體排放量。廠商蒐集碳足跡數據完成後，須經第三方查證或申請環境部關鍵性審查，取得查證證明後方可申請。

19. **碳足跡減量標籤 (Carbon Footprint Reduction Label)：**
又稱減碳標籤。廠商以現行碳標籤所載的碳足跡作為減量基線，該產品5年內碳足跡減量達3%以上，經環境部審查通過後可取得減碳標籤。

20. **負碳排 (Carbon Negative)：**
在特定時間內，溫室氣體移除量超過排放量。

21. **負碳技術 (Negative Emissions Technologies, NET)：**
為使溫室氣體移除量大於排放量的技術。自然碳匯、利用科技進行碳捕捉與碳封存等，皆屬於負碳技術的範圍。

22. **碳捕捉、利用與封存 (Carbon Capture, Utilization and Storage, CCUS)：**
指的是將工業產品生產、化石燃料轉換能源過程中排放的二氧化碳分離收集起來，再利用或儲存於地質構造，以避免排放到大氣中的一種技術。

23. **碳匯 (Carbon Sink)：**
可吸收和儲存大量二氧化碳的天然或人工「倉庫」，如土壤、海洋、森林等。新增的碳匯經碳抵換的方法學驗證之後，可轉換為碳權；以台灣為例，22歲以下的年輕人造林，經本土「新植造林」方法學驗證後，可轉為碳權。

資料來源：環境部、經濟部淨零辦公室

國家圖書館出版品預行編目(CIP)資料

碳交易的28堂課 /中央通訊社著. -- 初版.
-- 臺北市：中央通訊社， 2024.05
　　　面；　公分

ISBN 978-986-99765-9-6　（平裝）

1.CST: 碳排放 2.CST: 永續發展 3.CST: 企業經營

445.92　　　　　　　　　　　　113003354

出 版 者　　中央通訊社
董 事 長　　李永得
社　　長　　曾嬿卿
副 社 長　　陳正杰
總 編 輯　　王思捷
出版委員　　梁惠玲、黃瑞弘、吳協昌、黃淑芳、廖漢原、
　　　　　　陳家瑜、宋育泰、萬淑彰、許雅靜、蘇聖斌、
　　　　　　梁君棣、吳素柔、陳靜宜
顧　　問　　劉哲良（中華經濟研究院能源與環境研究中心主任）

作　者　　　中央通訊社
編　　輯　　林孟汝、田瑞華、楊迪雅
美術編輯　　張瓊尹、范育菁、邱柏綱

印 刷 廠　　上海印刷廠股份有限公司
　　　　　　新北市土城區大暖路71號

出版日期　　2024年5月初版
I S B N　　9789869976596
e I S B N　　9786269846108
定　　價　　新臺幣380元

訂 購 處　　1. 中央通訊社資訊中心出版組
　　　　　　　104472　臺北市松江路209號8樓
　　　　　　　電話：（02）2505-1180　分機817
　　　　　　　傳真：（02）2515-2766
　　　　　　2. 國內各大書局
中央社電子書城

郵政劃撥帳號　15581362財團法人中央通訊社

中央通訊社網址　https://www.cna.com.tw
讀者服務E-mail　books@cna.com.tw

版權所有‧翻印必究